准噶尔盆地勘探理论与实践系列丛书

准噶尔盆地南缘新生代构造特征及演化

The Cenozoic Structural Charateristics and Evolution of the Southern Junggar Basin

邵　雨　李学义　杨迪生　汪　新　肖立新　吴　鉴等　著

科学出版社

北　京

内 容 简 介

本书以断层相关褶皱理论为基础系统总结南缘山前构造变形特征,描述南缘山前"东西分段、南北分带"构造格局,通过南缘山前冲断褶皱带几何学和运动学分析,厘定南缘山前三排褶皱的构造特征和变形机制,建立典型断裂褶皱构造几何模型,研究断裂褶皱的变形过程和演化序列,确定南缘山前新生代变形时代。同时,还介绍了南缘山前复杂构造油气勘探配套技术,列举了二维地震剖面综合标定、三维空间建模、复杂构造速度建场及变速成图、模型正演验证技术思路和方法。

本书可供从事复杂构造油气勘探的科研工作者、技术管理人员及高等院校师生科研和教学时参考。

图书在版编目(CIP)数据

准噶尔盆地南缘新生代构造特征及演化＝The Cenozoic Structural Charateristics and Evolution of the Southern Junggar Basin/邵雨等著. —北京：科学出版社,2016.9

(准噶尔盆地勘探理论与实践系列丛书)

ISBN 978-7-03-049908-0

Ⅰ.①准… Ⅱ.①邵… Ⅲ.①准噶尔盆地-新生代-冲断层-褶皱带-地质构造-研究 Ⅳ.①P548.245

中国版本图书馆 CIP 数据核字(2016)第 219749 号

责任编辑：万群霞 冯晓利 / 责任校对：蒋 萍
责任印制：张 倩 / 封面设计：无极书装

斜 学 出 版 社 出版
北京东黄城根北街 16 号
邮政编码：100717
http://www.sciencep.com

中国科学院印刷厂 印刷
科学出版社发行 各地新华书店经销
*
2016 年 9 月第 一 版 开本：787×1092 1/16
2016 年 9 月第一次印刷 印张：13
字数：304 000

定价：198.00 元
(如有印装质量问题,我社负责调换)

本书作者名单

邵　雨　　李学义　　杨迪生

汪　新　　肖立新　　吴　鉴

魏凌云　　张　健　　邱建华

郑新梅　　闫桂华　　王　俊

夏　雨　　冀冬生　　蔡义峰

序

准噶尔盆地位于我国西部,行政区划属新疆维吾尔自治区(简称新疆)。盆地西北为准噶尔界山,东北为阿尔泰山,南部为北天山,是一个略呈三角形的封闭式内陆盆地,东西长为 700km,南北宽为 370km,面积为 $13\times10^4km^2$。盆地腹部为古尔班通古特沙漠,面积占盆地总面积的 36.9%。

1955 年 10 月 29 日,克拉玛依黑油山 1 号井喷出高产油气流,宣告了克拉玛依油田的诞生,从此揭开了新疆石油工业发展的序幕。1958 年 7 月 25 日,世界上唯一一座以油田命名的城市——克拉玛依市诞生了。1960 年,克拉玛依油田原油产量达到 166×10^4t,占当年全国原油产量的 40%,成为新中国成立后发现的第一个大油田。2002 年原油年产量突破 1000×10^4t,成为我国西部第一个千万吨级大油田。

准噶尔盆地蕴藏丰富的油气资源。油气总资源量为 107×10^8t,是我国陆上油气资源超过 100×10^8t 的四大含油气盆地之一。虽然经过半个多世纪的勘探开发,但截至 2012 年年底,石油探明程度仅为 26.26%,天然气探明程度仅为 8.51%,均处于含油气盆地油气勘探阶段的早中期,预示着准噶尔盆地具有巨大的油气资源和勘探开发潜力。

准噶尔盆地是一个具有复合叠加特征的大型含油气盆地。盆地自晚古生代至第四纪经历了海西、印支、燕山、喜马拉雅等构造运动。其中,晚海西期是盆地拗隆构造格局形成、演化的时期,印支—燕山运动进一步叠加和改造,喜马拉雅运动重点作用于盆地南缘。多旋回的构造发展在盆地中造成多期活动、类型多样的构造组合。

准噶尔盆地沉积总厚度可达 15000m。石炭系—二叠系被认为是由海相到陆相的过渡地层,中、新生界则属于纯陆相沉积。盆地发育了石炭系、二叠系、三叠系、侏罗系、白垩系和古近系六套烃源岩,分布于盆地不同的凹陷,它们为准噶尔盆地奠定了丰富的油气源物质基础。

纵观准噶尔盆地整个勘探历程,储量增长的高峰大致可分为准噶尔西北缘深化勘探阶段(20 世纪 70~80 年代)、准噶尔东部快速发现阶段(20 世纪 80~90 年代)、准噶尔腹部高效勘探阶段(20 世纪 90 年代至 21 世纪初期)、准噶尔西北缘滚动勘探阶段(21 世纪初期至今)。不难看出,勘探方向和目标的转移反映了地质认识的不断深化和勘探技术的日臻成熟。

正是由于几代石油地质工作者的不懈努力和执着追求,使准噶尔盆地在经历了半个多世纪的勘探开发后,仍显示出勃勃生机,油气储量和产量连续 29 年稳中有升,为我国石油工业发展做出了积极贡献。

在充分肯定和乐观评价准噶尔盆地油气资源和勘探开发前景的同时,必须清醒地看到,由于准噶尔盆地石油地质条件的复杂性和特殊性,随着勘探程度的不断提高,勘探目标多呈"低、深、隐、难"特点,勘探难度不断加大,勘探效益逐年下降。巨大的剩余油气资源分布和赋存于何处,是目前盆地油气勘探研究的热点和焦点。

由中国石油新疆油田分公司(以下简称新疆油田分公司)组织编写的《准噶尔盆地勘探理论与实践系列丛书》历经近两年时间的终于面世。这是由油田自己的科技人员编写出版的一套专著类丛书,这充分表明我们不仅在半个多世纪的勘探开发实践中取得了一系列重大的成果,积累了丰富的经验,而且在准噶尔盆地油气勘探开发理论和技术总结方面有了长足的进步,理论和实践的结合必将更好地推动准噶尔盆地勘探开发事业的进步。

该系列专著汇集了几代石油勘探开发科技工作者的成果和智慧,也彰显了当代年轻地质工作者的厚积薄发和聪明才智。希望今后能有更多高水平的、反映准噶尔盆地特色的地质理论专著出版。

"路漫漫其修远兮,吾将上下而求索"。希望从事准噶尔盆地油气勘探开发的科技工作者勤于耕耘、勇于创新、精于钻研、甘于奉献,为"十二五"新疆油田的加快发展和"新疆大庆"的战略实施做出新的更大的贡献。

新疆油田分公司总经理

2012 年 11 月

前　言

　　准噶尔盆地南缘位于天山北缘,油气勘探潜力很大,是我国最早石油勘探地区之一。中生界—新生界持续沉降,沉积厚约 15000m 的陆缘碎屑沉积物,发育多套生储盖组合,形成三排近东西向背斜,先后发现独山子油田、齐古油田、卡因迪克油田、玛河气田。

　　准噶尔盆地南缘构造非常复杂。自 21 世纪以来,新疆油田分公司持续开展准噶尔盆地南缘地震采集-处理技术联合攻关,力图提高地震资料品质,满足油气勘探需求。与此同时,依据断层相关褶皱理论,综合利用地表地质、地震-钻井资料,采用二维地震构造几何学和运动学解释技术,开展准噶尔盆地南缘二维地震构造建模工作,通过建立断层褶皱几何形态和运动学模型,确定准噶尔盆地南缘构造格架,揭示变形机制和构造演化过程,发现和落实准噶尔盆地南缘油气圈闭。

　　本书汇总了准噶尔盆地南缘构造最新研究成果。全书共 6 章,第 1 章介绍准噶尔盆地南缘区域构造背景和地质概况;第 2 章简述山前复杂构造研究理论基础和分析技术手段;第 3 章介绍准噶尔盆地南缘东段构造楔特征,展示喀拉扎-阿克屯构造楔几何模型与变形机制;第 4 章介绍准噶尔盆地南缘中段齐古-昌吉背斜、霍尔果斯-玛纳斯-吐谷鲁背斜、安集海背斜三排构造,厘定叠瓦状逆冲断层几何形态和相关褶皱类型;第 5 章介绍准噶尔盆地南缘西段构造叠加区的构造特征,厘定中生代走滑断层和新生代挤压构造分布格局,刻画不同期构造叠加发育特征;第 6 章介绍准噶尔盆地南缘构造类型和构造几何模型,通过构造平衡剖面和正反演模拟技术,模拟恢复准噶尔盆地南缘构造形成演化过程,计算准噶尔盆地南缘主要断层滑移量。与此同时,通过识别准噶尔盆地南缘沉积的生长地层,结合新生界古地磁地层年代资料,确定准噶尔盆地南缘新生代变形时代和迁移演化史。

　　本书借鉴了前人的研究成果,综合十年来准噶尔盆地南缘油气勘探地震反射剖面、钻测井资料,引进新理论和新技术手段,试图精确描述准噶尔盆地南缘构造面貌。本书编写历时一年半,自 2014 年 7 月启动编写以来,本书的研究得到国家科技重大专项"准噶尔前陆盆地油气富集规律、勘探技术与区带和目标优选"(编号:2011ZX05003-005);国家重点基础研究发展计划(973 计划)"中国西部叠合盆地深部油气富集规律与勘探潜力预测"(编号:2011CB201106);中国石油天然气股份有限公司"新疆大庆"重大科技专项"天然气勘探战略目标优选与规模增储关键技术研究"(编号:2012E-34-03)课题的资助。

　　本书关注与油气勘探相关的构造,研究视野专注盆地变形,面对准噶尔盆地南缘复杂构造变形,难免挂一漏万,研究局限性不言而喻。油气勘探属于探索性科学,认知伴随新理论和新技术推陈出新,对自然界奥妙只能窥见一斑,需要不断修正与提高。本书并非无可挑剔,它们只是阶段性研究成果,需要不断求证补充完善。希望读者持怀疑的态度,带着批判的眼光阅读本书。抛砖引玉是本书的宗旨,如果本书引发同行的关注,提出新的研究问题和思路,也不枉作者编写此书的初衷。

作 者

2016 年 6 月

目　录

准噶尔盆地南缘区域构造背景 第1章

准噶尔盆地位于新疆北部,被天山、扎伊尔山、阿尔泰山环绕,盆地面积约为 $13.62 \times 10^4 \mathrm{km}^2$,平均海拔为 500m,整体呈东高西低趋势。新生代以来,印度板块和欧亚板块碰撞持续至今,形成了"世界屋脊"青藏高原及环高原内陆山系(Molnar and Tapponnier,1975;Tapponnier and Molnar,1977,1979)。准噶尔盆地南缘褶皱冲断带是环青藏高原盆山构造体系的重要组成部分,天山山脉前缘发育山前断裂带、霍-玛-吐背斜带、安集海-呼图壁背斜带三排构造(邓启东等,1991,1999,2000;Avouac et al.,1993;张培震等,1994,1996;Yin et al.,1998;Burchfiel et al.,1999;李本亮等,2010)。这三排新生代构造反映天山隆升与准南盆地构造变形方式,是研究天山隆升和准噶尔盆地新生代变形的重要区域。准噶尔盆地南缘沉积中生界—新生界厚度为15000m,发育六套生油层及多套生储盖组合。第三轮油气资源评价准南石油资源量为 $10.87 \times 10^8 \mathrm{t}$,天然气资源量为 $5671 \times 10^8 \mathrm{m}^3$,是我国油气勘探关注和有待发现的重要区域。目前发现独山子、齐古、呼图壁、卡因迪克、吐谷鲁、霍尔果斯、安集海、玛纳斯油气田(藏),油气探明储量只有 3.7%,油气勘探发现与丰富的油气资源不成比例。阻碍准南油气勘探进展的因素很多,准南山前构造复杂是重要原因之一。由于准噶尔盆地南缘构造复杂,褶皱和断裂埋藏地下,需要高精度二维和三维地震资料揭示地下复杂构造面貌。本书运用断层相关褶皱理论和构造地震解释技术,综合利用地表地质、地震和钻井资料,研究准噶尔盆地南缘新生代构造,建立准噶尔盆地南缘构造格架,分析研究准噶尔盆地南缘构造几何学和运动学特征,揭示三排构造变形方式和构造机制,系统总结十年来对准噶尔盆地南缘构造研究认识,有助于理解天山山前新生代构造变形与演化的认识,也将推动准噶尔盆地南缘油气勘探进程。

1.1 区域构造背景

准噶尔盆地位于新疆北部,呈三角形封闭盆地,被南侧的天山山脉、西北侧的扎伊尔山和哈拉阿拉特山和东北侧的青格里底山和克拉美丽山所包围(图1.1)。盆地面积约为 $13.62 \times 10^4 \mathrm{km}^2$,平均海拔为 500m,整体呈东高西低趋势,经历了海西、印支、燕山、喜马拉雅等多期构造运动。准噶尔盆地南缘位于天山造山带与准噶尔盆地的结合部位,受天山造山作用的强烈影响。

天山造山带位于中亚造山带西部的哈萨克斯坦-天山构造域,记录了古亚洲洋的演化、微陆块及各地体复杂碰撞拼合历史,是中亚造山带构造演化研究中的关键区域(Collins et al.,2003;Windley et al.,2007;Xiao et al.,2012)。晚元古代以前,天山地区为统一的大陆块体(张良辰和吾乃元,1985),晚元古代—早寒武世发育了稳定的陆表海沉积,寒武纪—奥陶纪已演化为大洋盆,是古亚洲洋的一部分,准噶尔、伊犁、中天山等微型陆块处于大洋包围中;晚古生代天山地区进入板块运动最强烈的时期,志留纪以来,准噶尔、伊犁、塔里木陆块周缘海洋盆地向陆块俯冲、消减,出现了那拉提、哈尔克山、博罗霍洛早古生代海沟-岛弧-盆地带和依连哈比尔尕-康古尔塔格、觉罗塔格晚古生代火山岛弧等;经过中石炭世的板块俯冲消减,洋盆缩小以致消亡,发生板块对接碰撞,形成了天山造山带,早二叠世洋盆已基本封闭(Avouac and Tapponnier,1993)。造山带形成之后,沿北天山缝合线发生了强烈的右旋走滑断裂作用,二叠纪的碎屑沉积物代表了北天山断裂带以北的前陆盆地的充填(Allen et al.,1991);二叠纪早期在南天山和吐鲁番盆地以南还有陆表海沉积,博格达山和北山等地出现内陆裂谷,具拉张构造环境;南天山海槽在东阿莱-迈丹塔格一带已闭合,伊犁板块和塔里木板块拼接为一体;早二叠世末构造运动使天山地区上隆,山区不断被夷平,在天山各大山间盆地和山前拗陷内接受了上二叠统的磨拉石堆积。三叠纪至早中侏罗世的夷平作用使天山接近准平原状态,盆地扩大,普遍沼泽化,这一时期为天山地区的主要成煤期。晚侏罗世末发生广泛的褶皱隆起,山体又一次抬升因而缺失白垩纪早期沉积,大量的剥蚀物堆积在天山南北两侧的前陆盆地和山间盆地中,经过白垩纪长期的剥夷作用,古天山再度夷平,至今,天山山顶还保留这一时期的夷平面残余。

新生代时期印度板块与亚洲板块的碰撞,特别是印度板块急剧向北运移,不仅使天山地区古生代与中生代构造重新复活,而且它所引起的新生代变形导致了天山的再度隆起,山前地区向南北两侧产生大规模的褶皱逆冲,发育一系列近 EW 走向的冲断褶皱带(Molnar and Tapponnier,1975;Tapponnier and Monlar,1979;Avouac et al.,1993;Yin et al.,1998),天山南北两侧形成再生前陆盆地(Lu et al.,1994;卢华复等,2001)。

准南山前带的油气分布主要受控于石炭纪洋盆消失和统一的华力西镶嵌基底形成之后的上覆盆地的成盆、成烃、成藏及改造过程。

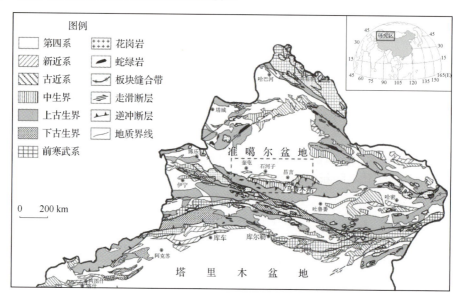

图 1.1 天山北缘区域地质构造略图(据邓启东等,2000)

1.2　准噶尔盆地南缘冲断褶皱带地质概况

准噶尔盆地南缘位于准噶尔盆地与天山结合部位,盆地分为两个部分:基底和沉积盖层,其中基底为早晋宁期结晶基底、晚加里东期褶皱基底和海西期的褶皱基底(胡霭琴等,1986;赵俊猛等,1999,2004,2008);沉积盖层主要为晚石炭世以来的未变质的沉积和火山岩地层组成(新疆地质局和新疆石油管理局,1977)。本书主要涉及准南中生界—新生界构造层变形,它叠置在早期基底之上,经历新生代挤压变形,展示出山脉隆升和山前挤压的构造格局。准南分为山前冲断带、前缘拗陷区、隆起带三个构造单元(图1.2)。

山前冲断带:沿天山北麓发育的新生代冲断褶皱带,EW(东西)走向,东起阜康,经昌吉、石河子,西至独山子;前渊拗陷区:天山北麓中—新生界沉积凹陷,自西向东分为四棵树凹陷、沙湾凹陷、阜康凹陷、吉木萨尔凹陷。隆起带:准噶尔盆地腹部发育三个SN(南北)走向的古隆起:车排子凸起、莫南凸起、北三台凸起。三个SN向凸起将前渊拗陷区分隔为不同凹陷,车排子凸起分隔四棵树凹陷与沙湾凹陷,陆梁隆起分隔沙湾凹陷与阜康凹陷,北三台凸起分隔阜康凹陷与吉木萨尔凹陷。

准南冲断褶皱带位于天山和博格达山山前,依据山前或盆地中发育的褶皱轴向的不同,大致可将准南褶皱冲断带分为西、中、东三段。准南冲断褶皱带西段位于天山和四棵树凹陷之间,四棵树凹陷南侧发育托斯台-南安集海背斜,四棵树凹陷与车排子凸起的分界线艾卡断裂西侧发育雁列式排列的独山子、西湖、高泉、卡因迪克背斜,背斜轴向近NW-SE向,与区域挤压主挤压方向呈较大角度相交(图1.3);四棵树凹陷经历两期构造变形,中生代四棵树凹陷北侧发育艾卡断裂,新生代四棵树凹陷南侧发育山前挤压逆冲断裂。准南冲断褶皱带中段位于天山和沙湾凹陷之间,发育三排东-西向冲断褶皱带:喀拉扎-齐古背斜带、霍尔果斯-玛纳斯-吐谷鲁背斜带(霍-玛-吐背斜带)、呼图壁-安集海背斜带,构成准南冲断褶皱主体部分。乌鲁木齐以东的阜康断裂带是东段。阜康断裂带位于博格达山前,是一条弧线冲断褶皱带分为东、西两段,北三台凸起以东为阜康冲断带,北三台凸起以西为吉木萨尔冲断带(图1.3)。

1.2.1　准南冲断褶皱带西段

准南冲断褶皱带西段山前发育托斯台背斜、南安集海背斜。托斯台中生界走向E-W,发育短轴状褶皱和高陡断层,出露侏罗系、白垩系不整合面,早期变形发生在中生代。石油勘探二维地震剖面和钻井资料显示,托斯台地表出露中生界厚为1~2km,下伏是古生界,中生界沿侏罗系煤层发生逆冲推覆,形成古生界上覆的中生界逆冲褶皱断片,属于浅层构造。托斯台新生界出露于中生界北侧,新生界高陡直立,地层北倾,倾角为60°~70°。石油勘探二维地震剖面显示,地表出露的新生界高陡地层与四棵树凹陷未变形新生界相连,没有被断层错断,地表新界厚度为7~8km,凹陷新生界底部位于地下4500~6000m,如此规模的新生界单斜地层出露地表,需要很大的构造抬升量。与托斯台地表发育的中生界短轴状褶皱和高陡断层相比,托斯台新生界变形简单,但是变形规模远超前

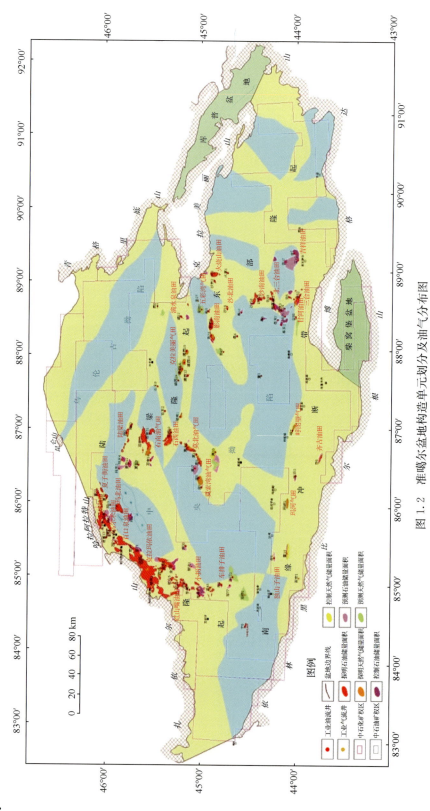

图 1.2　准噶尔盆地构造单元划分及油气分布图

准噶尔盆地南缘新生代构造特征及演化

· 4 ·

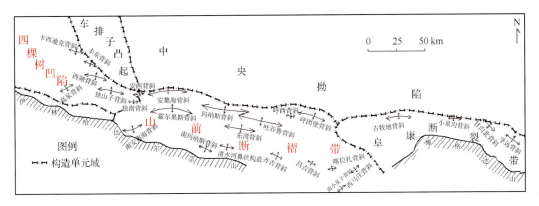

图1.3　准噶尔盆地南缘构造纲要图

者,二者不在同一个变形量级上。由此推断新生代形成山前单斜的构造为托斯台地区的主控构造。托斯台出露的中生界变形属于早期构造,被新生代断层抬升到地表。

南安集海背斜中生界和新生界构造差异明显(图1.4)。中生界走向为NE-SW向,出露侏罗系和白垩系,发育短轴状褶皱,褶皱轴向为NE-SW向。新生界走向为NW-SE向,地层向北倾,倾角为50°～60°。石油勘探二维地震剖面显示,南安集海背斜下伏发育高角度逆冲断层,断层上盘中生界、新生界抬升,中生界保留原有的变形痕迹,褶皱轴向和地层走向为北东向,新生界走向为EW向,与准南冲断褶皱带的构造走向一致。

四棵树凹陷北部发育独山子、西湖、高泉、卡因迪克雁列背斜,背斜位于车排子凸起西侧,沿艾卡断裂西北侧分布(图1.4)。这些雁列背斜有两个特点:①背斜经历两期变形,形成深浅叠加构造,燕山期发育雁行排列断裂,形成独南、独山子、西湖、高泉、卡因迪克背斜,这些短轴状雁列背斜排列于NNW向艾卡断裂西南侧翼,指示艾卡断裂发生右旋走滑变形;②新生代天山隆升扩展,四棵树拗陷中—新生代地层发生挤压变形,独山子、西湖、高泉、卡因迪克背斜浅层发育挤压褶皱。四棵树拗陷发育侏罗系煤层、白垩系泥岩、古近系泥岩、新近系膏盐层多套塑性地层,每层塑性地层都是滑脱面,形成复杂的叠加褶皱,由于地层侧向位移量不大,叠加褶皱的变形幅度有限,褶皱形态依然保留为一个完整褶皱。但是二维地震剖面显示(图1.5),深浅褶皱的高点发生偏移,形成深浅不同部位的构造圈闭,它们属于叠加褶皱,只是叠加位移量较小。

四棵树凹陷经历中生代走滑和第四纪挤压两期构造,与沙湾凹陷构造变形有明显差异。造成差异的原因有三:①四棵树凹陷夹持于天山和车排子凸起之间,车排子凸起影响到四棵树凹陷的沉积和变形;②四棵树凹陷基底与沙湾凹陷有区别,车排子凸起两侧盆地的重力异常和航磁异常明显不同;③四棵树拗陷发育多套塑性地层(况军和朱新亭,1990),使得地层易于发生侧向位移,形成多层系叠加褶皱。

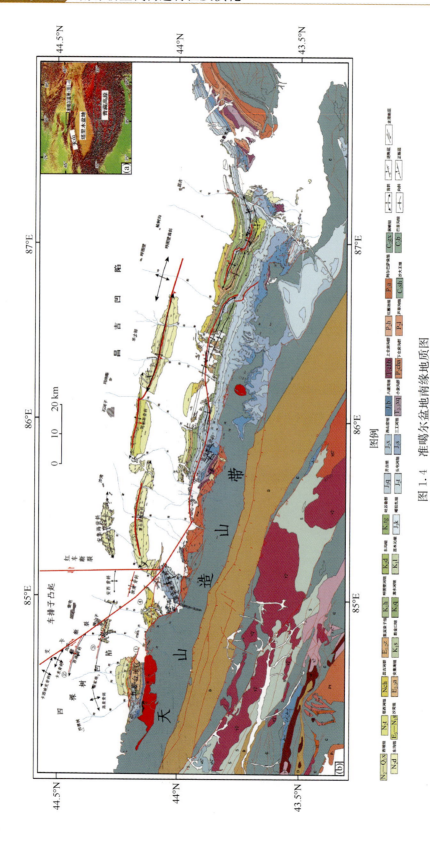

图 1.4 准噶尔盆地南缘地质图

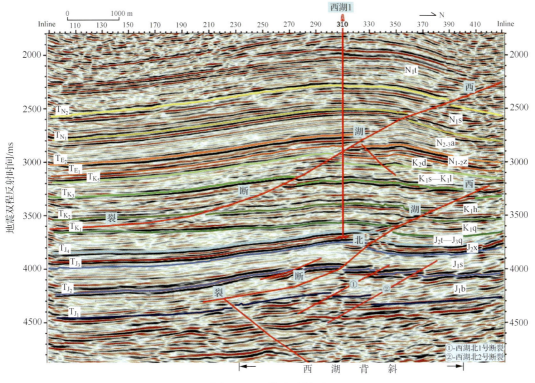

图 1.5　二维地震剖面

1.2.2　准南冲断褶皱带中段

准噶尔盆地南缘位于准噶尔盆地与天山结合部位,盆地分为两个部分:基底和沉积盖层,其中基底为早晋宁期结晶基底、晚加里东期褶皱基底和海西期的褶皱基底(胡霭琴等,1986;赵俊猛等,1999,2004,2008);沉积盖层主要为晚石炭世以来的未变质的沉积和火山岩地层组成(新疆地质局和新疆石油管理局,1977)。本书主要涉及准南中生界—新生界构造层变形,它叠置在早期基底之上,经历新生代挤压变形,展示出山脉隆升和山前挤压的构造格局。准南分为山前冲断带、前缘拗陷区、隆起带三个构造单元(图1.2)。

1)阿克屯-齐古背斜带

由阿克屯、昌吉、齐古、清水河、南玛纳斯地表背斜组成,这些短轴状背斜呈雁行排列(relay)(Biddle and Christie-Blick,1985),首尾相接,构成山前第一排褶皱。单个背斜长度10～30km,背斜走向频繁发生变化,阿克屯背斜 NW 走向、昌吉背斜、齐古背斜 EW 走向、清水河背斜 NE 走向、南玛纳斯背斜 EW 走向,表明这些背斜下伏不止一条断层,而是发育若干条断层。石油勘探二维地震剖面显示,阿克屯-齐古背斜带下伏发育逆冲构造楔,构造楔沿断层向北逆冲,构造楔前端发育北倾的反向断层,断层上盘侏罗系、白垩系、新生界向北倾斜,地层倾角为 50°～60°,形成宽阔的单斜构造。构造楔前端发育若干条反向断层,这些反向断层走向不同,倾角也有变化,形成若干个不同方位短轴状背斜,这与山前带发育几十公里长的逆冲断层和线状褶皱有明显差异。构造楔前端出露8～10km 宽的新生界高陡地层,石油勘探二维地震剖面显示,新生界单斜地层沿构造楔前端反向断层抬升到地表,这套地层与凹陷未变形的新生界相连,地层连续,没有被断层错断,新生界单斜地层属于构造楔前端被动抬升的地层。

2）霍-玛-吐背斜带

包括霍尔果斯背斜、玛纳斯背斜、吐谷鲁背斜和东湾背斜。霍-玛-吐背斜带发育三套滑脱层:①古近系安集海组（$E_{2-3}a$）湖相厚层绿色、灰绿色页岩和泥岩;②白垩系吐谷鲁群（K_1tg）湖泊相杂色条带状泥岩;③中—下侏罗统西山窑组煤层（J_2x）。霍-玛-吐背斜带的中—新生界被三套滑脱层分隔为四套构造层,不同深度构造层沿各自的滑脱面发生挤压变形,形成复杂叠加褶皱。霍尔果斯背斜、玛纳斯背斜、吐谷鲁背斜都是叠加褶皱,虽然滑脱层上、下的构造变形不一样,但它们是在同样的挤压环境下形成的。侏罗系煤层是霍-玛-吐背斜带深层滑脱层,滑脱层上覆煤层发生聚集,形成深层滑脱褶皱(或者断层转折褶皱)。古近系安集海组泥岩是浅层滑脱层,逆冲断层沿泥岩向盆地扩展,形成霍-玛-吐地表背斜。侏罗系煤层和古近系泥岩是区域滑脱层,整个霍-玛-吐背斜带都发育这两个滑脱层。白垩系滑脱层属于局部滑脱层,霍尔果斯背斜、玛纳斯背斜、吐谷鲁背斜核部发育构造楔,断层沿白垩系滑脱层(可能存在其他层位局部滑脱层)发育,造成背斜核部地层多次重复。这类滑脱层出现在背斜核部,通过发育次级调节断层,造成霍-玛-吐背斜垂向分层特征。

3）呼图壁-安集海背斜带

呼图壁-安集海背斜带是第三排褶皱,属于准南冲断褶皱带中段前缘背斜,由呼图壁背斜、安集海背斜组成。石油勘探二维地震剖面显示,呼图壁背斜宽缓,背斜顶部地层水平,两翼地层倾角为$8°\sim10°$。背斜深部发育连续性很好的强反射同相轴,对应侏罗系西山窑组煤系地层,煤层上覆发育滑脱褶皱,褶皱下伏深层滑脱层平缓,背斜核部煤层聚集加厚,地层弯曲幅度垂向上逐渐增大,地层几乎没有错断。呼图壁背斜浅层发育剪切褶皱(李本亮等,2010),深层滑脱褶皱高点与浅层剪切褶皱高点不在同一个位置,剪切褶皱的滑脱面源于白垩系吐古鲁组泥岩,泥岩上覆地层发生侧向剪切位移,发育剪切型断层转折褶皱。

安集海背斜与呼图壁背斜相似,也是滑脱褶皱之上叠加剪切褶皱。侏罗系西山窑组煤系地层发育滑脱断层,断层上覆发育滑脱褶皱。滑脱褶皱核部白垩系吐古鲁组泥岩、古近系安集海组泥岩,在变形过程中发育剪切变形,二个滑脱面之上地层发生剪切位移,形成不同深度的剪切褶皱。安集海背斜是复合型褶皱,分为深层滑脱褶皱、上层突发构造两套构造层。安集海背斜整体上为一北翼陡倾、地翼地层缓倾的不背对称褶皱,背斜南翼倾角为$15°\sim20°$,北翼倾角为$20°\sim40°$。安集海背斜的变形强度远超呼图壁背斜。

准南冲断褶皱带中段属于典型的山前逆冲挤压构造,山前发育的断层向盆地传递,发育成排、成带构造。山前中—新生界高陡地层分布稳定,沿盆地边缘出露,延伸$150\sim200km$。如此规模的单斜构造分布于山前,表明山前存在统一变形机制。与此有别山前出露的褶皱都是短轴状,这些褶皱首尾相接,分布于中—新生界高陡地层南侧。这些褶皱不是一条断层所为,褶皱下伏发育若干条断层。为了解释这两类明显不同的构造变形,我们提出逆冲构造楔模型。构造楔(wedge structures)属于断层转折褶皱特例,断层转折褶皱位移量向盆地传播,构造楔的位移量在构造楔端点沿反冲断层向山脉反冲回去。准南冲断褶皱带中段是这两个端元组分的过渡类型。天山山前发构造楔,山前地层被抬升,构造位移量沿构造楔顶部的反冲断层向南反冲回去,反冲断层上盘中—新生界被抬升(底部楔入古生界),形成山前中—新生界单斜构造。反冲断层顶部发育高陡逆冲分支断层,形成山前第一排背斜。如果构造位移量没有被反冲断层全部吸收,构造沿滑脱断层向盆地传递,形成盆地第二排、第三排褶皱。因此,构造楔位移量传递方式控制准南冲断褶皱带中段构造变形。

准南冲断褶皱带中段自东向西分为三亚段,东段构造楔吸收山前大部分构造应变,盆地边缘出露连续新生界高陡地层,山前发育高陡断层和喀拉扎、阿克屯、北小泉子、南小泉子背斜,反冲断层的位移量消减在褶皱中,造成侏罗系和白垩系多次重叠。山前小部分位移量传递到盆地,形成呼图壁背斜。中段山前第一排昌吉背斜-齐古背斜吸收部分构造应变,剩余应变传递到盆地,盆地内部发育第二排吐谷鲁背斜和玛纳斯背斜。西段山前单斜构造吸收部分位移量,山前大部分位移量传递到盆地,发育第二排霍尔果斯背斜和第三排安集海背斜。准南冲断褶皱带中段三排褶皱带向西撒开,向东收敛,东段发育一排褶皱,中段发育二排褶皱,西段发育三排褶皱,预示东段山前构造位移量全部被反向断层吸收,西段构造位移量大部分传递到盆地。

1.2.3　准南冲断褶皱带东段

准南冲断褶皱带东段俗称阜康断裂带,是位于博格达山前的一条弧线构造。构造带东西长约为 140km,南北宽约为 5~10km,中间被北三台凸起分隔,分为东、西两段,东段位于阜康凹陷,西段位于吉木萨尔凹陷。阜康断裂带由阜康断裂、妖魔山断裂、甘河子断裂、甘河子北断裂、五梁山断裂、西地断裂组成。阜康断裂、妖魔山断裂是博格达山前逆冲断层;甘河子断裂、甘河子北断裂、五梁山断裂、西地断裂是北三台凸起边缘断裂,中生代(古生代?)发育,被博格达山前发育的新生代逆冲断层覆盖。

阜康断裂带发育两类断层,阜康断裂、妖魔山断裂是博格达山前挤压逆冲断裂,甘河子断裂、甘河子北断裂、五梁山断裂是凸起边缘断裂,属于早期活动的断层。博格达山前盆地狭窄,逆冲推覆构造具有两个特征:其一,由于新生代盆地不发育,造成新生界逆冲褶皱带只有 5~10km 宽,除了阜康凹陷发育古牧地背斜,山前其他部位没有发现完整背斜;其二,博格达山前发育高角度逆冲断层,古生界卷入变形,博格达山古生界逆冲推覆到北三台凸起之上。

1.3　准噶尔盆地南缘地层概述

准噶尔盆地南缘盆地沉积石炭系、二叠系、三叠系、侏罗系、白垩系、古近系、新近系和第四系(表 1.1)。各地层发育特征如下。

1. 上古生界

1) 石炭系

准南冲断褶皱带及邻区目前见到最古老的盖层是分布较为广泛的上石炭统,自下而上包括柳树沟组、祁家沟组和奥尔吐组。柳树沟组为一套海相中酸性火山岩、岩性为灰绿、灰紫色安山质火山角砾岩、凝灰角砾岩、中酸性凝灰岩夹安山玢岩、玄武玢岩、英安斑岩、霏细岩及少量砂岩、粉砂岩、灰岩透镜体,总厚度数百米到近千米。在博格达山地区广泛出露,地层近东西向延伸。祁家沟组与下伏柳树沟组呈不整合接触,在铁厂沟剖面明显可见不整合接触。与上覆地层奥尔吐组呈整合接触关系。祁家沟组主要分布于博格达山西端背斜转折端部分,北翼 NE-SW 向,南翼近东西向,向东沿背斜两翼延伸。祁家沟组主要为一套浅海相陆源碎屑岩、碳酸盐岩的岩性组合,该组下段为灰色凝灰质砾岩、砂岩、泥岩夹石灰岩和灰紫色安山玢岩,厚为 77.5~112m;上段为灰色厚层块状灰岩夹薄层砂岩、粉砂岩,见有安山玄武玢岩侵入其中,厚为 206m。奥尔吐组分布范围与祁家沟组基本相同,为一套浅海相外陆架陆源碎屑岩。该组下部为灰绿色粉砂岩夹细砂岩、砂质灰岩和硅质条带,厚为 131.6~145.1m;上部为灰绿色细砂岩夹粉砂岩、细砾岩,厚为 19.5~96.3m。与上覆下二叠统石人子沟组呈整合接触。

2) 二叠系

二叠系主要由下统下芨芨槽群(石人子沟组、塔什库拉组),中统上芨芨槽群(乌拉泊组、井井子沟组、芦草沟组、红雁池组)及上统下苍房沟群(泉子街组、梧桐沟组、锅底坑组)组成。二叠系中各组之间的接触关系如表 1.1 所示,其中,下芨芨槽群整合或平行不整合于上石炭统之上,上芨芨槽群与下仓房群之间呈不整合接触关系。

2. 中生界

1) 三叠系

三叠系主要由下统上苍房沟群(韭菜园子组、烧房沟组)和中—上统小泉沟群(克拉玛依组、黄山街组、郝家沟组)组成,在博格达山前地区沉积厚度最大。

上苍房沟群分布范围与下苍房沟群类同,与下伏地层整合接触,属于早三叠世沉积产物。下三叠统韭菜园子组可分为上、下两段,下段为灰绿色厚层块状砂岩、砂砾岩与灰绿色、暗红色泥岩、砂质泥岩互层,厚为 51~153m;上段为砖红色、暗红色块状泥岩、砂质泥岩夹灰绿色、紫灰色细砂岩薄层和细砾岩透镜体,厚为 89~206m。烧房沟组与韭菜园子组呈整合接触,岩性为紫红色、砖红色钙质结核泥岩和灰绿色含砾砂岩等,岩性横向变化较大,厚为 150~270m。中—上三叠统小泉沟群分布范围较苍房沟群要大得多,在整个准噶尔南缘山前带及邻区多处可见其超覆于石炭系—二叠系不同时代地层之上。小泉沟群与下伏仓房沟群和上覆侏罗系水西沟群均呈不整合接触关系。小泉沟群的主要岩性为灰色、灰黄色、灰绿色砂岩、泥岩、暗灰色炭质泥岩、薄煤层。小泉沟群下部的克拉玛依组在准噶尔南缘山前带发育较好,下部岩性主要为灰绿色泥岩、砂质泥岩与泥质砂岩的互层,中部为灰、灰绿、深绿色砂岩、泥质砂岩、泥岩夹砂质泥岩等,上部为灰色泥质砂岩夹细砂岩和砂岩,在小泉沟一带厚约为 450m,是准噶尔南缘山前带又一主要烃源岩层系。

2) 侏罗系

侏罗系包括中下侏罗统水西沟群和中上侏罗统艾维尔沟群。水西沟群是一套含煤碎屑岩组合,自下而上分为八道湾组、三工河组、西山窑组。中—上侏罗统艾维尔沟群自下而上包括头屯河组、齐古组、喀拉扎组。水西沟群主体为一套河流-沼泽相。在博格达山和伊林哈比尔尕山,多处可见含煤地层不整合覆盖于下伏石炭系—二叠系之上,该套地层在玛纳斯地区出露厚度最大。侏罗系作为准噶尔南缘山前带及邻区最重要的烃源岩层系和勘探目的层,在研究区油气勘探中具有十分重要的价值。

3)白垩系

白垩系由下统吐谷鲁群(清水河组、呼图壁河组、胜金口组、连木沁组)和上统东沟组组成。吐谷鲁群角度不整合或假整合于侏罗系或更老地层之上,是一套以浅水湖泊相和沼泽相为主的杂色条带状泥质岩沉积,主要岩性为灰绿色、棕红色泥岩、砂岩、粉砂岩组成的不均匀互层。吐谷鲁群与上覆以红色碎屑岩为特征的东沟组呈整合或平行不整合接触。在阜康至安集海之间的吐谷鲁群厚度最大,可达1594m。白垩系上统东沟组与上覆古近系紫泥泉子组呈整合或平行不整合接触关系,与下伏连木沁组整合或平行不整合接触关系。主体为一套山麓河流相红色碎屑岩沉积,厚为46～813m,一般为300～600m。

3. 新生界

1)古近系

准南冲断褶皱带及邻区的古近系基本继承了白垩系稳定拗陷沉积的特点。自下向上为紫泥泉子组和安集海河组。紫泥泉子组底界以一层厚约为10m的粉红色、红灰色石灰质砾岩整合或平行不整合在东沟组之上,往西变为假整合或角度不整合。紫泥泉子组的岩性以暗红色、棕红色泥岩,砂质泥岩夹不规则的厚层块状砾岩、含砾砂岩、砂岩透镜体,局部夹石膏和膏泥岩为其组合特征,一般厚为450～850m,在呼图壁河和紫泥泉子之间最厚。安集海河组与紫泥泉子组连续沉积,是一套湖相沉积,岩性为暗灰绿色片状泥岩夹薄层-厚层状砂质介壳层,介壳灰岩及少量钙质细砂岩,厚为44～800m,一般为350～650m。

2)新近系

准南冲断褶皱带及邻区新近系以广泛发育曲流河泛平原沉积为特点。自下而上包括沙湾组、塔西河组和独山子组,三者合称昌吉河群。研究区的新近系与下伏古近系呈整合或假整合接触,在山前地区沉积厚度巨大,可达2000～2300m。沙湾组由河湖相棕红色砂质泥岩夹灰红色、灰绿色砂岩,砾岩及团块状灰岩等组成,与下伏安集海河组整合接触,厚为350～500m。塔西河组为河湖相灰绿色泥岩、砂质泥岩夹砂岩、介壳灰岩及泥灰岩,厚为100～320m。独山子组属于山麓河流相,岩性为苍棕色、褐黄色砂质泥岩、砂岩夹灰绿色砾岩,厚为800～1850m,在独山子和玛纳斯一带厚度最大。

3)第四系

准南冲断褶皱带及邻区的第四系主要包括西域组、乌苏群、新疆群和全新统沉积。西域组与下伏独山子组渐变连续过渡沉积,岩性为灰色砾岩,有时夹少量黄灰色砂岩和砂质砾岩,厚为350～2046m。乌苏群为高于现代戈壁平原之上的山麓洪积平原或河谷阶地堆积,一般具二元结构,上部为土黄色砂质黄土,下部为灰色砾石层,以清晰的角度不整合于西域组砾岩及其以下所有老地层之上。新疆群为广布于各地的大戈壁滩和山前洪积扇群、风成黄土、冰川等堆积物,整合于一切老地层之上,在构造变动带局部不整合在乌苏群砾岩之上,最大厚度为355m。全新统沉积主要表现为各种类型的现代冲积、湖沼、盐泽沉积。

表 1.1　准噶尔南缘山前地层层序表

界	系	统	群(组)	地层代号	年代/Ma	主要岩性
新生界	第四系	全新统		Q_4		各种类型的冲积、湖沼岩泽沉积
		上更新统	新疆群	Q_3xj		戈壁砾石、风成黄土、冰川等堆积物
		中更新统	乌苏群	Q_2ws		山麓洪积平原和河谷阶地堆积，一般上部为土黄色砂质黄土，下部为灰色砾石层
		下更新统	西域组	Q_1x	2.0	灰色砾岩夹少量灰黄色砂岩或砂质砾岩，往盆地腹部则变为以砂泥岩为主
	新近系	上新统	独山子组	N_2d	5.1	苍棕色、褐黄色砂质泥岩、砂岩夹砾岩
		中新统	塔西河组	N_1t		河湖相灰绿色泥岩、砂质泥岩夹砂岩、介壳灰岩及泥灰岩
			沙湾组	N_1s	24.6	棕红色砂质泥岩夹砂岩、砾岩及灰岩
	古近系	渐新统	安集海河组	$E_{2-3}a$	38	暗灰绿色泥岩夹砂岩介壳层、介壳灰岩及少量钙质细砂岩
		始新统				
		古新统	紫泥泉子组	$E_{1-2}a$	65	暗灰色、棕红色泥岩，砂质泥岩夹薄层状砾岩、含砾岩、砂岩透镜体，局部夹石膏、膏泥岩
中生界	白垩系	上统	东沟组	K_2d	97.5	砖红色、褐红色砂质泥岩、砂岩互层
		下统	吐谷鲁群 连木沁组	K_1l		紫红色、褐红色砂质泥岩条带状互层，夹灰绿色薄层岩、粉砂岩
			胜金口组	K_1sh		灰绿色泥岩、砂质泥岩夹薄层细砂岩、片状泥质粉砂岩和灰白色钙质砂岩
			呼图壁河组	K_1h		棕红色泥岩、砂质泥岩的条带状互层
			清水河组	K_1q	144	灰绿色薄层钙质砂岩、泥岩的薄交互层
	侏罗系	上统	艾维尔沟群 喀拉扎组	J_3k		棕红色巨厚层块状交互层泥砂质砾岩
			齐古组	J_3q	163	下部为暗紫红色夹紫粉色条带状泥岩，下部砖红色，砂岩增多，与泥岩呈交互层
		中统	头屯河组	J_2t		灰绿色泥岩夹紫红色条带状泥岩，砂质泥岩与厚层块状砂岩韵律状互层，夹炭质泥岩和薄煤层
			水西沟群 西山窑组	J_2x	188	灰绿色砂岩、砂砾岩、砾岩与灰色泥岩、黑色炭质泥岩韵律状互层，富含煤层
		下统	三工河组	J_1s		灰黑色、灰绿色泥岩夹砂岩及叠锥状灰岩、砂泥岩的韵律状互层
			八道湾组	J_1b	213	下部为砂砾岩夹煤层，中部为深灰色泥岩，上部为砂泥岩互层夹薄煤层
	三叠系	上统	小泉沟群 郝家沟组	T_3h		灰绿色、灰黑色砾岩、砂岩、泥岩韵律状层，夹炭质泥岩和薄煤层
			黄山街组	T_3hs	231	黄色、灰黄色泥岩、砂质泥岩夹粉砂岩
		中统	克拉玛依组	T_2k	243	下部灰绿色砂、泥岩互层，中部灰绿色砂岩夹泥岩，上部灰绿色泥岩夹细砂岩
		下统	苍房沟群 烧房沟组	T_1sh		紫红色泥岩夹灰绿色含砾砂岩
			韭菜园组	T_1j	248	下部为砂岩、砂砾岩与泥岩互层，上部为红色泥岩和砂质泥岩夹细砂岩
古生界	二叠系	上统	下苍房沟群 锅底坑组	P_3g		泥岩、粉砂质泥岩、砂岩、含砾砂岩
			梧桐沟组	P_3w		棕红色砾岩夹砂质泥岩、砂岩、泥岩、炭质泥岩和薄煤线
			泉子街组	P_3q	253	
		中统	上芨芨槽群 红雁池组	P_2h		灰绿色、灰黑色泥岩、炭质泥岩夹砂岩
			芦草沟组	P_2l		灰黑色、灰绿色页岩、油页岩和泥岩夹白云质灰岩和砂岩
			井井子沟组	P_2j		灰色凝灰岩、凝灰质杂砂岩和少量长石砂岩、粉砂岩、砂泥岩的不规则互层
			乌拉波组	P_2wl	258	灰绿色砾岩、含砾砂岩、长石砂岩、凝灰质杂砂岩、粉砂岩、凝灰岩夹泥岩
		下统	下芨芨槽群 塔什库拉组	P_1t		灰绿色杂砂岩、石英长石砂岩、粉砂岩、砂质泥岩和黑色泥岩韵律状互层
			石人沟组	P_1s	286	灰绿色凝灰岩、钙质砾岩、含砾砂岩、砂岩、粉砂岩、砂质泥岩交互层
	石炭系	上统	奥尔吐组	C_2t		灰绿色粉细砂岩夹砂质泥岩、细砾岩
			祁家沟组	C_2q		下段为灰色凝灰质砂岩、砂岩、泥岩，上段为灰色厚层块状灰岩夹少许砂岩
			柳树沟组	C_2l	296	灰绿、灰紫色安山质火山角砾岩、凝灰角砾岩、中酸性凝灰岩

1.4 准噶尔盆地南缘区域滑脱层

准噶尔盆地南缘凹陷发育五个滑脱层(表1.2):上二叠统泥岩和油页岩层、下侏罗统八道湾组(J_1b)和中侏罗统西山窑组(J_2x)煤系地层、下白垩统吐谷鲁群(K_1tg)泥岩、古近系安集海河组($E_{2-3}a$)泥岩、新近系塔西河组泥岩和膏泥岩(管树巍等,2006,2007,2009;陈书平等,2007;董臣强等,2007;彭天令等,2008)。博格达山前阜康凹陷发育二叠系泥岩、侏罗系煤层滑脱层,滑脱层上盘的白垩系—新生界剥蚀殆尽。天山山前沙湾凹陷、四棵树凹陷发育侏罗系煤层、白垩系泥岩、古近系安集海河组泥岩滑脱层,发育深浅逆冲断层和叠加复合褶皱。霍-玛-吐背斜带分成三层,浅部为断层传播褶皱,深部为滑脱褶皱,背斜核部白垩系泥岩发育调节型局部断层,形成中层夹心式构造楔。安集海-呼图壁背斜是二层结构,深层是侏罗系煤层滑脱褶皱,浅部沿白垩系泥岩发育剪切断层,形成浅层褶皱。

表1.2　准南地层系统及主要滑脱层层位(引自董臣强等,2007)

系	统	组	滑脱层位
新近系		独山子组 (N_2d)	
		塔西河组 (N_1t)	■
		沙湾组 (N_1s)	
古近系		安集海河组 ($E_{2-3}a$)	■
		紫泥泉子组 ($E_{1-2}z$)	
白垩系	上统	东沟组 (K_2d)	
	下统	连木沁组 (K_1l)	■
		胜金口组 (K_1s)	
		呼图壁河组 (K_1h)	
		清水河组 (J_1q)	
侏罗系	上统	喀拉扎组 (J_3k)	
		齐古组 (K_3q)	
	中统	头屯河组 (J_2t)	
		西山窑组 (J_2x)	■
	下统	三工河组 (J_1s)	
		八道湾组 (J_1b)	■
三叠系	上统	郝家沟组 (T_3hj)	
		黄山街组 (T_3hs)	
	中统	克拉玛依组 (T_2k)	
	下统	烧房沟组 (T_1s)	
		韭菜园组 (T_1j)	
	上统	锅底坑组 ($P_3g—T_1g$)	
		梧桐沟组 (P_3wt)	
		泉子街组 (P_3q)	
二叠系	中统	鸿雁池组 (P_2h)	■
		芦草沟组 (P_1l)	
		井井子沟组 (P_2j)	
		乌拉泊组 (P_2wl)	
	下统	塔什库拉组 (P_1t)	
		石人子沟组 (P_1sh)	

四棵树凹陷独山子背斜、西湖背斜、卡因迪克背斜右行雁列式排列,背斜分为深浅两层,深层背斜分布于艾卡断裂西侧,与艾卡走滑断层有关;浅层背斜受到山前挤压作用影响,沿白垩系—古近系泥岩发育逆冲断层和相关褶皱。

天山山前逆冲断层位移量与盆地褶皱发育有直接关系。山前基底卷入型构造楔分为南倾逆冲断层和北倾的反冲断层两个部分,当构造楔反冲断层吸收大部分缩短量,向盆地传播的位移量减小,盆地变形微弱,山前变形强烈,山体抬升幅度大。例如,准噶尔盆地南缘东段山前发育喀拉扎背斜、阿克屯背斜,盆地未见变形(除呼图壁背斜外)。当构造楔反冲断层吸收少量缩短量,向盆地传播的位移量增大,盆地发育褶皱。例如,准噶尔盆地南缘中段山前逆冲断层沿侏罗系煤层、白垩系泥岩、古近系安集海河组泥岩滑脱层向盆地延伸,盆地发育霍-玛-吐背斜带、安集海-呼图壁背斜带两排构造。准噶尔盆地南缘西段山前发育基底卷入断层,断层没有向盆地延伸,四棵树凹陷变形微弱。由此看出,准南滑脱层控制逆冲推覆断裂展布和相关褶皱类型,多个滑脱断层叠加造成构造样式复杂,一个局部构造往往是几个滑脱层构造组合。准噶尔盆地南缘凹陷侏罗系煤层、白垩系泥岩、古近系安集海河组泥岩滑脱层是主要滑脱层,地层厚度图刻画准噶尔盆地南缘三套主要滑脱层分布和深度(图1.6~图1.9)。

1. 中—下侏罗统(J_{1-2})煤系地层

中下侏罗统八道湾组(J_1b)与西山窑组(J_2x)发育煤层及炭质泥岩,其具有厚度大,分布广的特点(图1.6、图1.7),是南缘区域性的构造滑脱层。南缘冲断带构造应力主要沿该层向北传递。该构造滑脱层是霍-玛-吐背斜深部三角构造楔及第三排构造深部断层转折褶皱形成的重要因素。

2. 白垩系吐谷鲁群(K_1tg)泥岩层

吐谷鲁群为一套厚度为680~2000m的湖相泥岩地层(图1.8)。岩性主要为湖相灰绿色、棕红色泥岩、砂质泥岩、砂岩、粉砂岩组成的不均匀互层,吐谷鲁群泥岩层往往是局部性的构造滑脱层。该构造层形成霍-玛-吐背斜深部三角构造楔顶板断层、第三排构造中浅层传播褶皱的滑脱断层及齐古断褶带北部反冲断层。

3. 古近系安集海河组($E_{2-3}a$)泥岩层

古近系安集海河组为一套厚度达500~1200m的巨厚浅-半深湖相泥岩沉积(图1.9),为巨厚的以灰绿、深灰色泥岩为主的地层。安集海河组泥岩厚度大,伊-蒙混层含量高,岩性软,普遍欠压实,存在异常高压,在构造活动中容易产生滑脱面。该层是南缘一重要区域性的构造滑脱层,同时在局部构造中往往沿该层发育褶皱层间调节断层,导致构造主体部位安集海河组局部加厚,地表所见的霍-玛-吐背斜带则是沿该滑脱面向地表推覆所致。局部构造往往沿该层发育褶皱层间调节断层。南缘冲断带构造应力主要沿层间滑脱断层向北传递,层间滑脱断层基本发育在这三套关键构造地层中。层间滑脱断层发育的层位及特征对南缘区域构造展布特征及局部构造样式起到明显的控制作用。

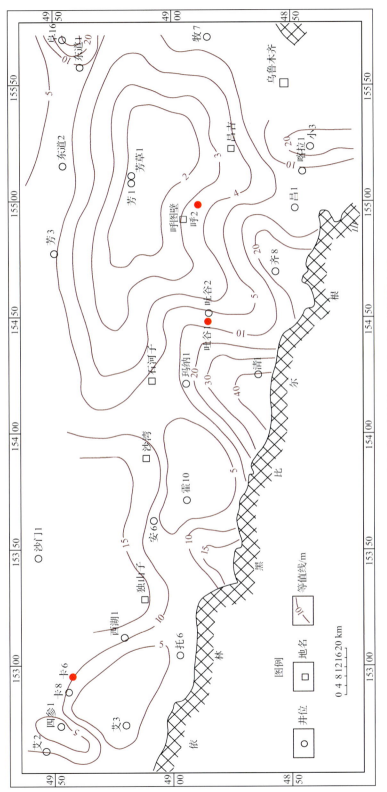

图 1.6　准噶尔盆地南缘侏罗系西山窑组煤层厚度图

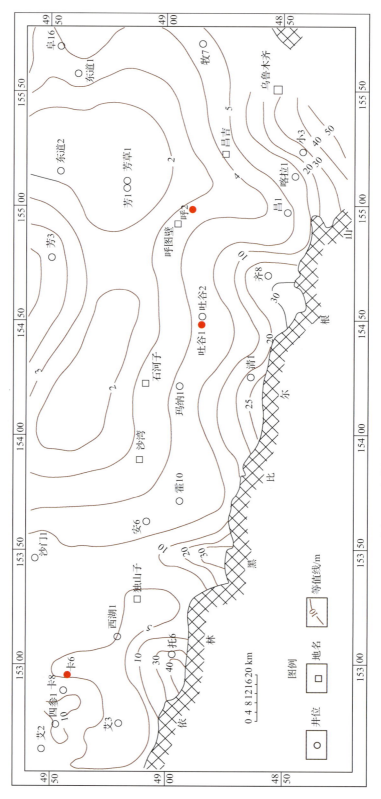

图 1.7　准噶尔盆地南缘南缘侏罗系八道湾组煤层厚度图

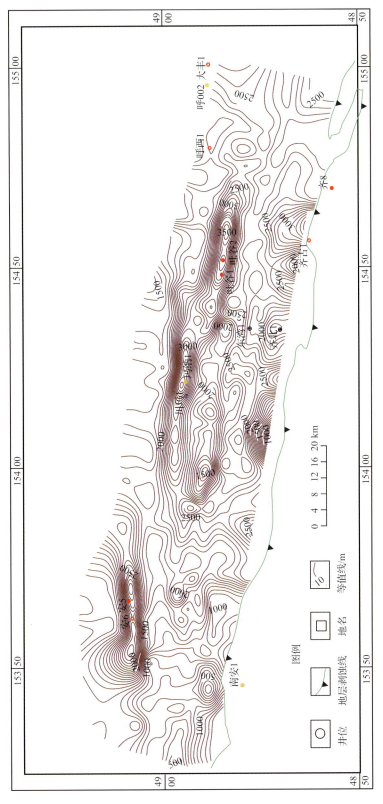

图 1.8　准噶尔盆地南缘白垩系吐谷鲁群地层厚度图

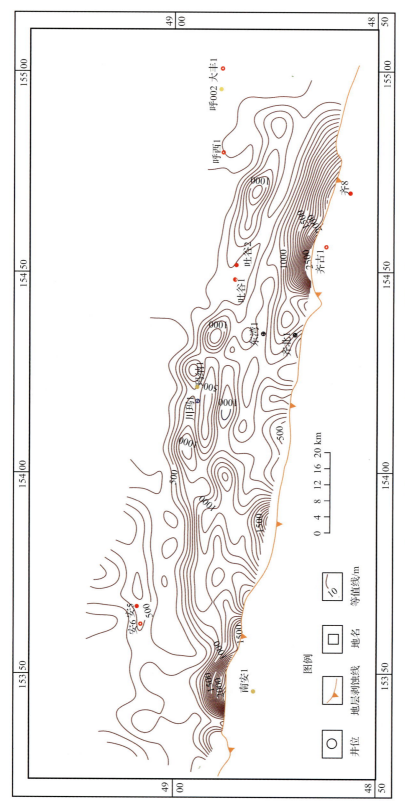

图1.9 准噶尔盆地南缘古近系安集海河组地层厚度图

山前复杂构造理论进展与技术应用 第 2 章

2.1 断层相关褶皱理论概述

自从 Rich(1934)研究阿巴拉契亚前陆冲断褶皱带以来,在 70 多年的时间里,人们对冲断推覆构造及断层相关褶皱进行了大量的理论研究与实践,发现地壳浅部的褶皱变形与下伏断层的滑移有关。Suppe(1983)发表的《断层转折褶皱的几何学与运动学》,详细地阐述了断层转折褶皱的几何学特征,提出上盘褶皱与下伏相关断层滑移之间的定量关系,为冲断褶皱带的几何学与运动学分析奠定了基础。随后断层相关褶皱理论被广泛应用在前陆褶皱冲断带构造研究中。经过多年的努力,学者们相继总结了断层转折褶皱、断层传播褶皱和滑脱褶皱的构造模型和成因机制,为定量化分析和研究前陆褶皱冲断带构造几何学和运动学提供了理论依据(Jamison,1987;Suppe and Medwedeff,1990;Shaw et al.,2005)。准噶尔盆地南缘挤压冲断构造发育,断层转折褶皱、断层传播褶皱、滑脱褶皱是常见的构造现象,而且更加复杂的叠加褶皱随处可见,如构造楔、叠瓦状逆冲构造、滑脱褶皱+剪切褶皱。为了理解准噶尔盆地南缘冲断褶皱带构造几何学和运动学,了解本书的研究思路和技术方法,有必要首先介绍断层相关褶皱理论和基本概念,展示断层相关褶皱几何学和运动学模型。

2.1.1 断层转折褶皱几何学和运动学模型

1. 断层转折褶皱简介

断层转折褶皱发生在台阶状断层上盘,台阶状断层分下断坪、断坡、上断坪三部分,下断坪和上断坪通常是平行层的滑脱层(塑性岩层),断坡一般切穿刚性岩层(能干层)。断层上盘地层由下断坪运移到断坡位置,地层发生弯曲,弯曲地层以膝折带迁移方式扩展演化(Suppe,1983)。断层转折褶皱需要满足三个条件:变形前、后地层厚度守恒,变形前、后地层长度守恒,平行岩层不发生变形。断层转折褶皱运动学模型分为以下几个阶段(图 2.1)。

初始运动阶段:产生活动轴面 A、B(绿色虚线)并固定于断坪-断坡-断坪转折点[图 2.1(a)];

顶部抬升阶段:产生固定轴面 A'、B'(红色虚线),它们平行于活动轴面,形成两个膝折带(每条绿色虚线与前端红色虚线构成一个膝折带),膝折带宽度分别等于上覆岩层在断坡和上断坪的位移量,也分别等同于背斜后翼和前翼宽度。背斜顶部不断抬升,由于背斜吸收断层部分位移量,背斜后翼宽度要大于背斜前翼宽度,这是判断背斜下伏断层运动方向的标志[图 2.1(b)];

临界阶段:伴随断层位移量增大,背斜两翼加宽,当固定轴面 A' 到达前端断坪位置,背斜后翼宽度等于断坡宽度，为最大值。此时褶皱达到最大高度[图 2.1(c)]。

顶部加宽阶段：当断层位移量继续增加，背斜平顶变宽，背斜后翼宽度保持不变。断层最大位移量等于断坡宽度加平顶加宽部分，断层最小位移量等于前端断坪位移量加平顶加宽部分[图 2.1(d)]。

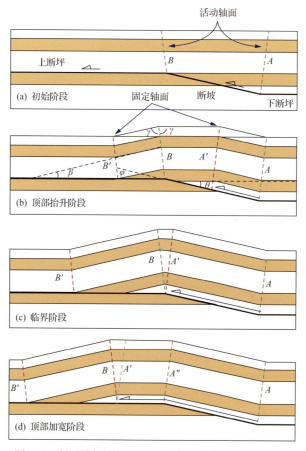

图 2.1　断层转折褶皱的膝折带传播模型(Suppe，1983)

断层转折褶皱的断层褶皱之间存在几何学定量关系，这使我们可以从断层形态推测褶皱类型，或者从褶皱形态反推断层性质。设定轴面与岩层夹角(轴面角)γ、断层转折角 φ(断坪与断坡夹角)、断坡角 θ(断坡与未变形地层夹角)。轴面角 γ、褶皱前翼岩层与上断坪夹角 β 之间有如下关系(Suppe，1983)：

$$\varphi = \tan^{-1}\left\{ \frac{-\sin(\gamma-\theta)\left[\sin(2\gamma-\theta)-\sin\theta\right]}{\cos(\gamma-\theta)\left[\sin(2\gamma-\theta)-\sin\theta\right]-\sin\gamma} \right\}$$

$$\beta = \theta - \varphi + (180° - 2\gamma)$$

只要知道四个角度中的任意两个，就能查图确定另外两个角度(图 2.2)，其中图 2.2(a)是背形断层转折褶皱角度参数关系图，图 2.2(b)是向形断层转折褶皱角度参数关系图。断层滑移率 $R = S_1/S_0$，S_1 为断层上段滑移量，S_0 为断层下段滑移量。背形断层转折褶皱滑移量向上减少，滑移率 $R < 1$；向形断层转折褶皱滑移量向上增加，滑移率 $R > 1$。通过确定四个角度参数中任意两个($\theta, \varphi, \beta, \gamma$)，可以确定滑移率 R(图 2.3)。

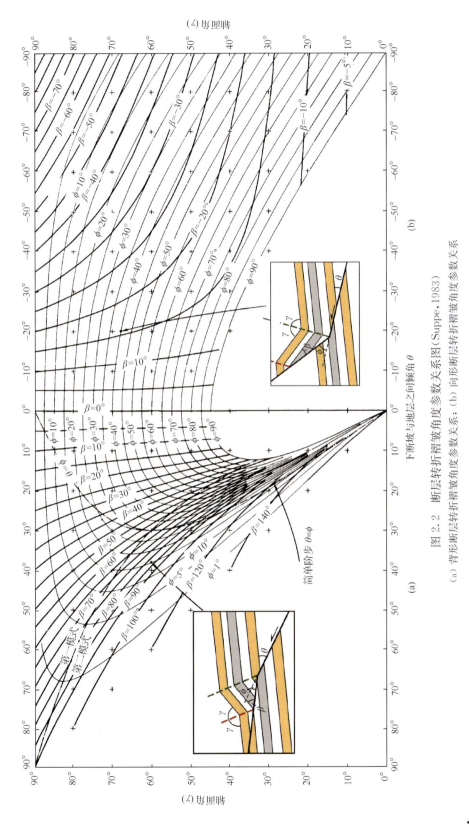

图 2.2　断层转折褶皱角度参数关系图（Suppe，1983）

（a）背形断层转折褶皱角度参数关系；（b）向形断层转折褶皱角度参数关系

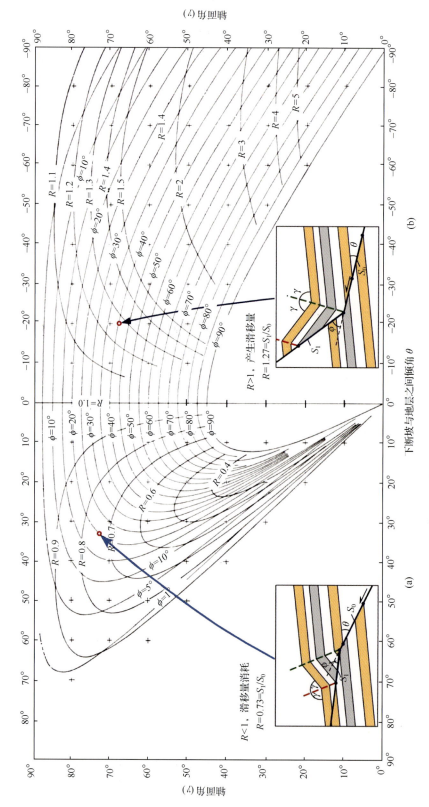

图 2.3 断层转折褶皱各角度与断层滑移量的关系（Suppe，1983）

（a）背形断层转折褶皱；（b）向形断层转折褶皱。（a）、（b）图范例中，各角度大小与滑移率 R 关系对应图中的红色圆点。背形断层转折褶皱 R<1，向形断层转折褶皱 R>1

2. 剪切断层转折褶皱

在断层转折褶皱的基础上，Suppe 等（2003）提出剪切断层转折褶皱，褶皱形态显示非弯滑（non-flexural slip）变形特征，构造样式特征如下：①背斜后翼的地层倾角明显小于断坡倾角；②发育褶皱翼部旋转型生长地层；③褶皱前翼短，褶皱后翼长，褶皱后翼膝折带宽度不等于构造滑移量。此特征是由于发生在塑性介质层（页岩或蒸发岩）中的剪切作用引起的，剪切方式分为平行层简单剪切、纯剪变形或它们的组合。我们可以通过四种模型理解剪切断层转折褶皱。如图 2.4 是四种端元模型。简单剪切模型的滑脱层经历平行层简单剪切，不存在底部断层，只存在剪切带；纯剪切模型的滑脱层发育底部断层，滑脱层物质在断坡上方三角形区域内加厚；混合剪切模型是第三种类型。断层转折褶皱是与前三类不同的模型，滑脱层 h 厚度为 0。图 2.4(a) 背斜轴面与滑脱层上端交于 A 点，向斜轴面与断坡相交于滑脱层底部 B 点，如果存在纯剪变形，向斜轴面会分为两段，滑脱层内轴面 C 两侧向斜轴面角不等（两侧地层厚度不同）[图 2.4(b)]。通过以上几何特征，我们可以推断滑脱层的位置。同样，根据断坡倾角 θ、后翼倾角 δ_b、剪切量 α_e 或 a，得到角度关系图（图 2.5），如果已知其中两个角度数值，通过图件可得到另外两个角度值。

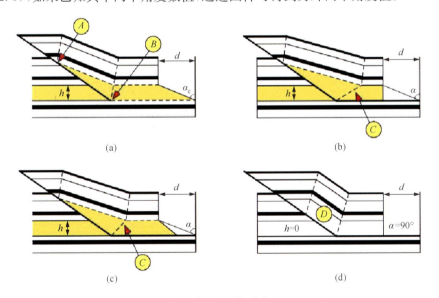

(a)　　　　　　　　　　　　　　(b)

(c)　　　　　　　　　　　　　　(d)

图 2.4　剪切断层转折褶皱端元类型图（Suppe et al.，2003）

(a) 简单剪切断层转折褶皱中滑脱层厚度 h，发生平行层剪切，剪切角 α_e（或 a）$= \arctan d/h$；(b) 纯剪断层转折褶皱中，上盘沿着滑脱层中断面滑动，断坡上方滑脱层发生增厚，向斜轴面两侧翼间角不等；(c) 混合剪切中滑脱层既存在水平方向的滑动，又存在顺层剪切；(d) 经典断层转折褶皱中膝折带与断坡平行（D 处），剪切角为 90°

3. 叠瓦状断层转折褶皱

叠瓦状断层转折褶皱发生在两个以上断层叠加部位，早期断层褶皱被晚期发育的断层褶皱叠加，形成两层或更多的叠加型断层转折褶皱（Suppe，1983；Shaw et al.，1999）。叠瓦状断层转折褶皱有两种运动学模式：前展式叠加断层转折褶皱（break-forward fault-

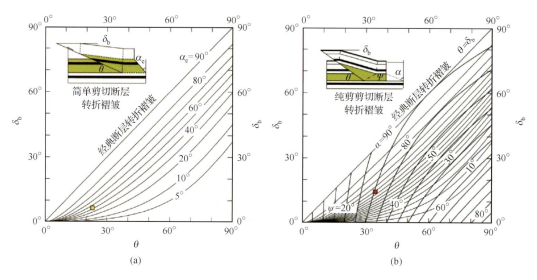

图 2.5 剪切断层转折褶皱两种端元各参数关系图

(a) 简单剪切端元,褶皱形态处于黄色正方形所在位置,当 $\alpha_e = 90°$ 时,代表经典的断层转折褶皱;(b) 纯剪剪切端元,褶皱形态在图中相对应的点处于红色正方形所在位置,而且在纯剪端元中,向斜轴面与滑脱层底面夹角 ψ 与其他三个参数存在确定关系,且当 $\theta = \delta_b$ 时(断坡与膝折带地层平行),代表经典的断层转折褶皱

bend fold),后展式断层突破(break-backward imbricate fault-bend fold)(图 2.6)。先前形成的断层转折褶皱下盘发育新断层,沿着新断层的断坡,前期发育的褶皱再次变形,两

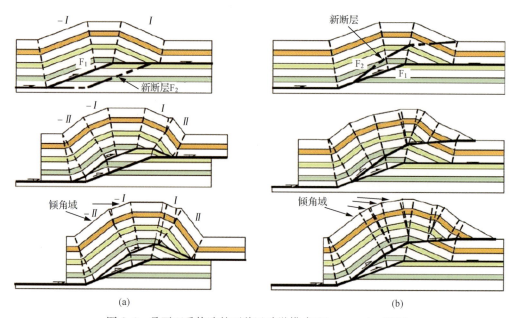

图 2.6 叠瓦双重构造的两种运动学模式(Shaw et al.,2005)

(a) 前展式叠加运动学模型;(b) 后展式叠加运动学模型。(a) 前展式叠瓦双重构造,先前沿断层 F_1 运动的断层转折褶皱已经成形,随着新断层 F_2 被激活,上覆所有地层沿 B 断层向右运动,形成多个倾角域,其中 II 比 I 要陡,但这些倾角域之间有确定的几何关系(图 2.7);(b) 后展式叠瓦双重构造,成形后的褶皱沿新断层 F_2 向右逆冲,形成多个倾角域,由于断层 F_2 性质不明确,所以这几个倾角域之间关系不明确

个断层夹持的断块发育新的断层转折褶皱,形成前展式叠瓦状断层转折褶皱[图 2.6(a)]。设定前展式叠瓦状断层转折褶皱断坡倾角相等[图 2.6(a)断层 F_1 与断层 F_2],断层 F_1 的褶皱发育倾角域 I 与 $-I$,经过断层 F_2 褶皱作用之后,褶皱出现更陡倾的倾角域 II 与 $-II$,随着更多断层的叠加,褶皱发育更多倾角域 III 与 $-III$ 等,这些倾角域之间存在几何关系(图 2.7)。由于褶皱倾角域发育的数量与断层条数有关,通常一条断层发育前后翼一对倾斜域,两条断层叠加发育两对倾斜域,以此类推。通过识别断层转折褶皱倾角域可以推断叠加断层数量。前展式叠瓦状断层转折褶皱具有多个倾角域,倾角域之间角度变化列于表中(图 2.7)。断层转折褶皱上部发育断层,切割褶皱,前期发育的褶皱再次变形,形成后展式叠瓦状断层转折褶皱[图 2.6(b)]。两个断层夹持前期褶皱的残留部分,新老断层之间不再发生变形。老褶皱经过新断层改造,发生二次褶皱,根据新断层的形态,新形成的倾角域可以有很多变化。断层具有多个倾斜域同样形成多个倾角域的褶皱(Medwedeff et al.,1997),虽然此类褶皱与叠瓦状断层转折褶皱非常相似,但是二者具有完全不同的变形机制,是两类不同的褶皱。

前倾倾角域							断坡与地层交角	后倾倾角域						
VII	VI	V	IV	III	II	I		I	II	III	IV	V	VI	VII
61.6°	52.5°	43.0°	34.0°	25.2°	16.6°	8.2°	8°	8°	15.9°	23.4°	30.6°	37.3°	43.5°	49.3°
70.2°	59.2°	48.6°	38.3°	28.3°	18.6°	9.2°	9°	9°	17.8°	26.2°	34.0°	41.3°	47.9°	53.9°
80.6°	67.6°	55.2°	43.3°	31.9°	20.9°	10.3°	10°	10°	19.7°	28.9°	37.4°	45.1°	52.0°	58.2°
93.1°	77.3°	62.6°	48.8°	35.7°	23.3°	11.4°	11°	11°	21.6°	31.5°	40.6°	48.7°	55.9°	62.2°
109°	88.8°	71.0°	54.8°	39.8°	25.8°	12.6°	12°	12°	23.5°	34.1°	43.7°	52.1°	59.5°	65.9°
128°	102°	80.5°	61.5°	44.3°	28.5°	13.8°	13°	13°	25.4°	36.7°	46.7°	55.4°	62.9°	69.4°
160°	119°	91.3°	68.6°	48.9°	31.2°	15.0°	14°	14°	27.2°	39.1°	49.5°	58.4°	66.1°	72.5°
—*	146°	104°	76.3°	53.4°	33.9°	16.2°	15°	15°	29.1°	41.5°	52.3°	61.4°	69.0°	75.5°
	—*	124°	85.9°	59.0°	36.8°	17.4°	16°	16°	30.9°	43.9°	54.9°	64.1°	—*	
		—*	99.2°	65.6°	40.2°	18.8°	17°	17°	32.7°	46.2°	57.5°	—*		
		—*	123°	73.1°	43.7°	20.2°	18°	18°	34.4°	48.4°	59.9°	—*		
			—*	82.2°	47.4°	21.6°	19°	19°	36.2°	50.6°	—*			
			—*	97.6°	52.0°	23.2°	20°	20°	37.9°	52.7°	—*			
				—*	57.0°	24.8°	21°	21°	39.6°	—*				
				—*	63.6°	26.6°	22°	22°	41.3°	—*				
				—*	72.0°	28.4°	23°	23°	42.9°	—*				
					—*	30.4°	24°	24°	—*					

*前翼倾角域需要地层减薄

图 2.7　叠瓦状断层转折褶皱倾角域表(Suppe,1983)

4. 断层转折褶皱生长地层

生长地层是构造变形期沉积于背斜脊部和侧翼的地层,属于同构造期沉积地层,记录了褶皱发生、发展的过程(图 2.8),识别与褶皱相关的生长地层,确定生长地层的层位和时代,可以帮助确定褶皱的起始时间和演化历史(Suppe et al.,1992)。生长地层在野外露头和地震剖面具有以下几点特征(图 2.8):①生长地层与下伏生长前地层未出现沉积间断,两套地层的倾向保持一致,两者呈整合接触关系;②背斜翼部沉积三角楔或扇形生长地层,生长地层厚度向背斜脊部减薄,三角楔或扇形减薄尖端指向背斜脊部;③背斜翼部扇形生长地层的倾角由老到新(由深至浅)逐渐变缓;④背斜脊部生长地层发育角度不整合,角度不整合在沉积区域(向斜区)渐变为假整合、整合;⑤褶皱变形速率、沉积速率是影响生长地层的主要因素。褶皱变形速率/沉积速率＝$U/S<1$，褶皱前后翼发育生长三角楔，褶皱顶部接受沉积。褶皱变形速率/沉积速率＝$U/S>1$，褶皱后翼发育生长三角楔，褶皱前翼生长地层向褶皱顶部上超，背斜顶部无沉积。

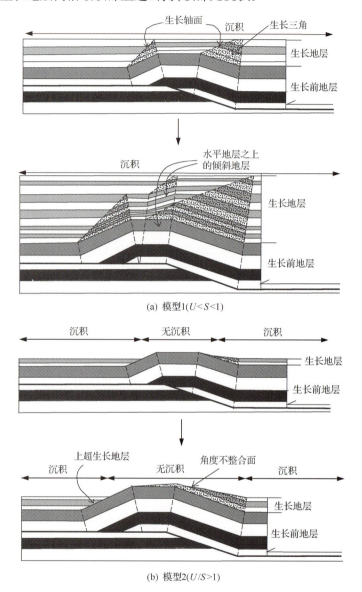

(a) 模型1($U<S<1$)

(b) 模型2($U/S>1$)

图 2.8　断层转折褶皱生长地层几何模型（据 Suppe et al.，1992）

（a）模型 1-沉积速率大于隆起速率，褶皱前后翼发育生长三角楔，褶皱顶部接受沉积；（b）模型 2-沉积速率
小于隆起速率，褶皱后翼发育生长三角楔，褶皱前翼生长地层向褶皱顶部上超，褶皱顶部无沉积

生长地层有两种类型：三角楔形生长地层（生长三角楔）、扇形生长地层，前者是褶皱膝折带迁移形成，后者是褶皱翼部旋转造成。断层转折褶皱生长三角楔由生长轴面（红色虚线）和活动轴面（绿色虚线）限定。沉积速率大于褶皱抬升速率的生长三角楔演化步骤如下［图 2.9①］：①断层活动产生二条固定轴面 A' 和 B'（红色虚线），它们平行于活动轴

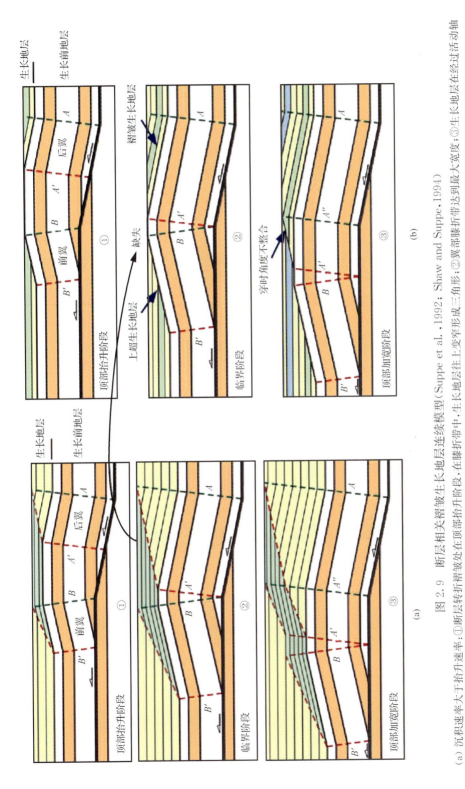

图 2.9　断层相关褶皱生长地层连续模型（Suppe et al.，1992；Shaw and Suppe，1994）

（a）沉积速率大于抬升速率：①断层转折褶皱处在顶部抬升阶段，在膝折带中，生长地层在上变形成三角形；②翼部膝折带达到最大宽度；③生长地层经过活动轴面 A″时发生再褶皱。可以发现在褶皱演化过程中，地层不断增厚。（b）沉积速率等于抬升速率：①断层转折褶皱翼部不断加宽；②断层转折褶皱翼部加宽，前翼成上超形成褶皱生长地层；③褶皱顶部开始形成上超地层，由于顶部加入了早期生长地层，形成穿时角度不整合

面 A 和 B(绿色虚线),形成两个膝折带。生长地层与生长前地层经过活动轴面进入褶皱翼部膝折带。褶皱翼部更年轻的生长地层相比较老的生长地层具有更窄的翼部,从而形成向上变窄的褶皱翼,表现为收敛的三角楔形态[图2.9(a)-①]。三角楔地层产状保持一致,同时代地层的厚度保持恒定,没有明显变化。褶皱顶部水平地层[图2.9(a)-①浅蓝色地层]受抬升作用影响发生减薄(水平地层与三角楔地层之间的轴面称为生长轴面),所以前翼三角楔地层厚度较后翼三角楔低;②伴随断层位移量增大,褶皱后翼和前翼加宽,生长三角楔也变大,当台阶状断层断坡到达前端断坪位置,褶皱后翼宽度为最大值,此时褶皱达到最大高度[图2.9(a)-②];③断层位移量继续增加,褶皱平顶变宽,褶皱后翼宽度保持不变。活动轴面 A'' 与 A(绿色虚线)固定于褶皱后翼膝折带两端,A'' 与 A 轴面之间的生长地层经过活动轴面 A'' 再次发生弯折[图2.9(a)-③浅蓝色地层]。

沉积速率小于或等于褶皱抬升速率的情况生长地层演化步骤如下[图2.9(b)]:①断层活动产生二条固定轴面 A' 和 B'(红色虚线),它们平行于活动轴面 A 和 B(绿色虚线),形成两个膝折带。由于褶皱后翼与顶部沉积速率小于抬升速率,褶皱后翼膝折带生长地层被剥蚀,形成夷平面(甚至退覆),褶皱顶部处于剥蚀或者无沉积状态,没有沉积生长地层。褶皱前翼生长地层向褶皱顶部上超[图2.9(b)-①];②伴随断层位移量增大,褶皱后翼和前翼加宽,生长三角楔也变大,当台阶状断层断坡到达前端断坪位置,褶皱后翼宽度为最大值,此时褶皱达到最大高度[图2.9(b)-②];③断层位移量增加,褶皱顶部不再发生隆起,褶皱顶部变宽,开始接受沉积。褶皱前翼生长地层底部发育角度不整合,褶皱顶部发育穿时角度不整合。剪切断层转折褶皱变形机制比较复杂,目前的研究成果认为地层既发生膝折带迁移变形,也存在翼部旋转变形。所以剪切断层转折褶皱发育两类生长地层:剪切断层起点部位发育生长三角楔,膝折带上部形成扇形地层(图2.10)。扇形地层倾角向上变缓,褶皱翼部发生逆时针旋转。

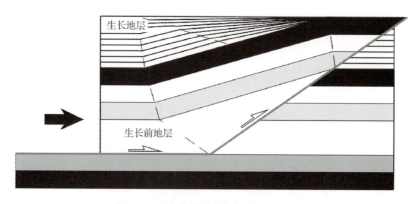

图2.10 纯剪断层转折褶皱生长地层

2.1.2 断层传播褶皱几何学和运动学模型

1. 断层传播褶皱简介

断层传播褶皱发生在断层端点,由于断层端点固定,断层位移量转换为褶皱,断层顶端发育褶皱。断层传播褶皱具有下列特征(图 2.11):①断层传播褶皱前后翼不对称,前翼陡窄,后翼宽缓,褶皱前后翼不对称是判断断层传播方向的依据;②断层传播褶皱的向斜位于断层端点的上方;③断层传播褶皱的宽度向下变窄,越深部的褶皱越紧闭;④断层传播褶皱下伏断层位移量向上减小,断层端点位移量为零,断层位移量被褶皱全部吸收。断层传播褶皱模型包括岩层厚度守恒断层传播褶皱模型(Suppe and Medwedeff,1990)、轴面固定的断层传播褶皱模型(Suppe and Medwedeff,1990)、断层传播褶皱三角剪切模型(Erslev,1991;Hardy and Ford,1997;Allmendinger,1998)。

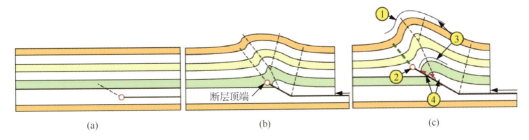

图 2.11 断层传播褶皱示意模型(Suppe and Medwedeff,1990)

岩层厚度守恒模型假设断层发生转折,断层转折点地层发生弯曲,随着断层位移量增加,地层弯曲宽度增加,形成褶皱(图 2.12)。断层传播褶皱前后翼的发育过程与断层转折褶皱相似,都是通过膝折带迁移完成。断层传播褶皱存在几个几何参数:断层下段与上盘地层夹角 θ_1、断层上段与下盘地层夹角 θ_2、断层转折角 ϕ、前翼向斜翼间角 γ、内部背斜翼间角 γ^*、后翼倾角 δ_b、前翼倾角 δ_f,这些参数满足几何图标关系(图 2.13)。

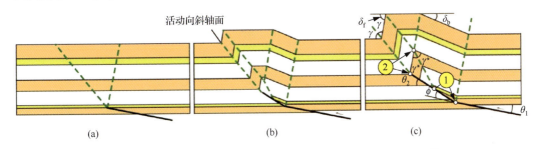

图 2.12 岩层厚度守恒断层传播褶皱运动学模型(Suppe and Medwedeff,1990)
①断层转折端与背斜轴面在断层上的交点之间的距离等于断层在转折端处的断层滑移量;
②背斜轴面的分叉点位置正好与断层尖点处于同一层面上

轴面固定的断层传播褶皱模型允许前翼地层减薄或增厚(图 2.14)(Jamison,1987;Suppe and Medwedeff,1990)。由于前翼背斜轴面固定,岩层厚度发生变化,岩层厚度变化与断层形状、断层与地层夹角相关,断层与地层夹角(θ_1,θ_2)小的褶皱前翼增厚,夹角大的前翼减薄。轴面固定的断层传播褶皱的断层形态(θ_1,θ_2)和褶皱形态(γ_e,γ_i,γ_e^*,γ_i^*,δ_f,δ_b)之间同样具有确定的几何关系。因为轴面两侧地层厚度不同,所以褶皱翼部之间的夹角不相等,分为外侧翼夹角(γ_e^*,γ_e)、内侧翼夹角(γ_i^*,γ_i)(图 2.15)。在实际地震剖面解译的应用中,前翼倾角与后翼倾角是容易直接从地震剖面图中读取的,此时需要利用断

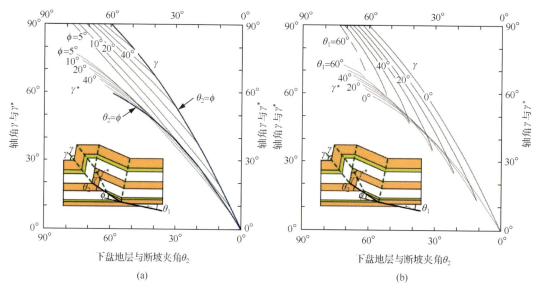

图 2.13　岩层厚度恒定断层传播褶皱角度关系图

(a) 恒定 ϕ 角曲线；(b) 恒定 θ_1 曲线

层传播褶皱翼倾角图来确定 ϕ 与 θ_1，并确定褶皱类型为层厚守恒还是固定轴面，继而选择通过图或图中恒定 θ_1 图确定余下角度（图 2.16）。

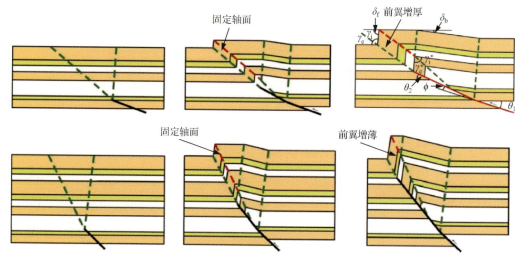

图 2.14　轴面固定断层传播褶皱运动学示意图

2. 三角剪切断层传播褶皱模型

岩层厚度守恒与固定轴面断层传播褶皱模型适用于膝折带迁移褶皱，不能解释地层受到侧向挤压发生层间滑移形成的剪切变形现象，也不能解释褶皱上覆沉积的扇形生长地层（Allmendinger et al.，2004）。Erslev（1991）提出三角剪切模型，假设传播断层尖端

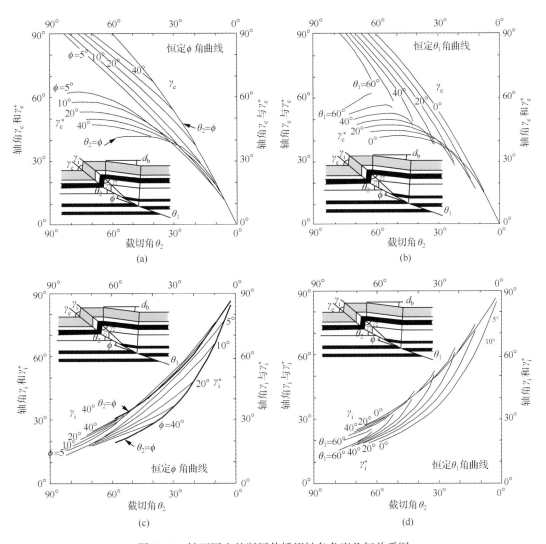

图 2.15　轴面固定的断层传播褶皱各角度几何关系图

前方存在三角形剪切带,剪切带底部滑动矢量为零,向上滑动矢量逐层增加,剪切带顶部滑动矢量最大。变形过程中剪切带地层滑移速度由上至下减慢,因此发生三角剪切变形(图 2.17)。三角剪切模型解释断层前端发生的剪切变形,形成三角剪切带,剪切带岩层厚度和长度发生变化,变形范围清晰,但是无法用几何图表说明对应关系(Allmendinger,1998)。

　　三角剪切褶皱几何形态由三角剪切带顶角、断层倾角、断层长度与断层位移量比值(P/S)决定(Allmendinger et al.,2004)。若顶角角度小,通常形成陡窄褶皱前翼;若顶角角度大,形成宽缓褶皱前翼。顶角固定随着滑移量的增加,褶皱前翼变陡。褶皱前翼倾角随深度变化,深部褶皱前翼倾角陡,浅层褶皱前翼倾角变缓。P/S 比值决定褶皱形状,P/S 比值低,褶皱前翼宽缓,岩层厚度和长度发生变化;P/S 比值高,褶皱前翼陡倾,岩层厚度和长度变化不明显(图 2.18)(Allmendinger,1998)。

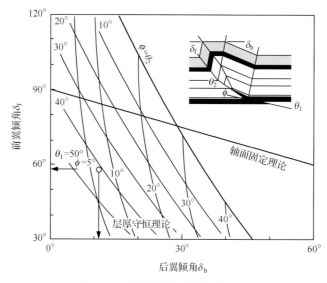

图 2.16 断层传播褶皱翼部倾角图

满足固定轴面理论的褶皱形态落在一条线上，在 $\phi = \theta_2$ 线左侧区域为等厚模式区域，所以有一部分固定轴面模式落在层厚守恒模式范围内。例如，一个褶皱从地震图中测出 $\delta_f = 58°$，$\delta_b = 11°$（图中红圈），$\gamma = 61°$，在图中可以确定 $\theta_1 = 41°$，$\phi = 7°$，而且属于层厚守恒模式。参见图可以确定 γ^*，θ_2，于是就确定了断层的几何形态

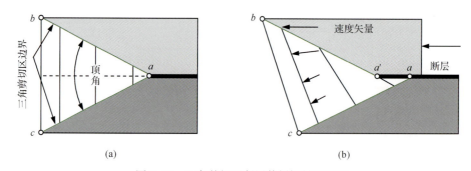

图 2.17 三角剪切型断层传播褶皱原理图

三角剪切模型假设断层顶端前方存在一个三角剪切带，三角剪切带顶端滑动矢量大小与上盘地层相同（灰色块体），底部滑动矢量为零（Erslev，1991；Allmendinger，1998）

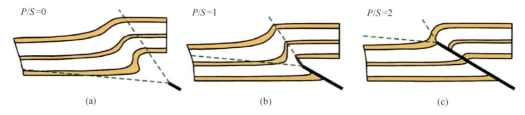

图 2.18 三角剪切型断层传播褶皱断层长度与断层位移量比值（P/S）

断层长度（P）与断层位移量（S）的比值（P/S）影响褶皱形态，低 P/S 形成前翼宽缓褶皱，变形岩层明显加厚；高 P/S 形成前翼陡倾褶皱，变形岩层加厚不明显（Allmendinger，1998）

1）基底卷入构造

断层切过基底和沉积盖层,性质迥异的刚性基底和塑性沉积盖层同时发生变形,形成基底卷入式构造。基底卷入式断层通常是高角度逆冲断层,刚性基底被断层错断,断层上盘基底抬升(刚性基底不发生弯曲褶皱),基底上覆沉积盖层发生褶皱。Narr 和 Suppe (1994) 提出基底卷入构造运动学模型,构造演化过程如下:①基底卷入式构造发生在基底剪切带、断层、抬升基底构成的区域[图 2.19(a)];②断层下盘基底岩层发生剪切,盖层发生倾斜,形成断层下盘单斜构造,断层上盘基底抬升;③盖层发生倾斜,倾斜岩层与抬升基底的斜面平行[图 2.19(b)];④断层位移量加大,断层下盘剪切带变宽,盖层单斜构造也变宽。断层上盘基底抬升幅度增加,盖层倾斜岩层宽度也增加[图 2.19(c)]。

基底卷入式构造发育高陡褶皱前翼,地层倾角为 30°～90°,甚至发生倒转,宽缓的褶皱后翼,地层倾角为 0°～10°。随着断层位移量增加,下盘基底剪切带变宽,断层上盘基底抬升幅度增加,褶皱规模变大。由于变形过程中地层产状保持一致,此模式又称为平行膝折带基底卷入构造[图 2.19(d)],与此对应是三角剪切基底卷入构造模型[图 2.19(e)]。基底卷入式构造的几个参数,基底抬升斜面夹角 ε、前翼倾角 δ_f、断层夹角 θ_1、下盘单斜地层倾角 β、剪切带倾角 ϕ、下盘剪切角 ψ 有对应的几何三角关系(图 2.20)。

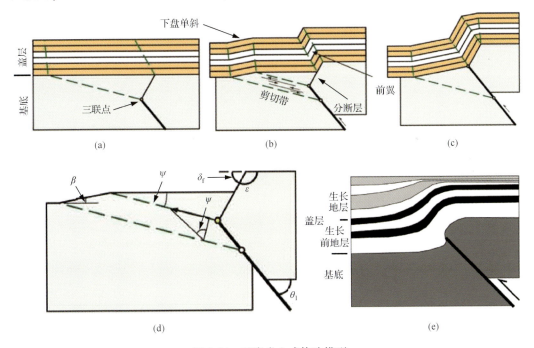

图 2.19　基底卷入式构造模型

(a)、(b)、(c) 基底卷入构造运动学模型;(d) 基底卷入构造模型几何参数;(e) 基底卷入构造三角剪切模型

2）突破型断层传播褶皱

断层传播褶皱在任何阶段都可能被断层突破,形成不同的几何形态。断层突破发生在褶皱任何部位,断层可能突破整个褶皱,也可能沿滑脱层发生突破(图 2.21)。

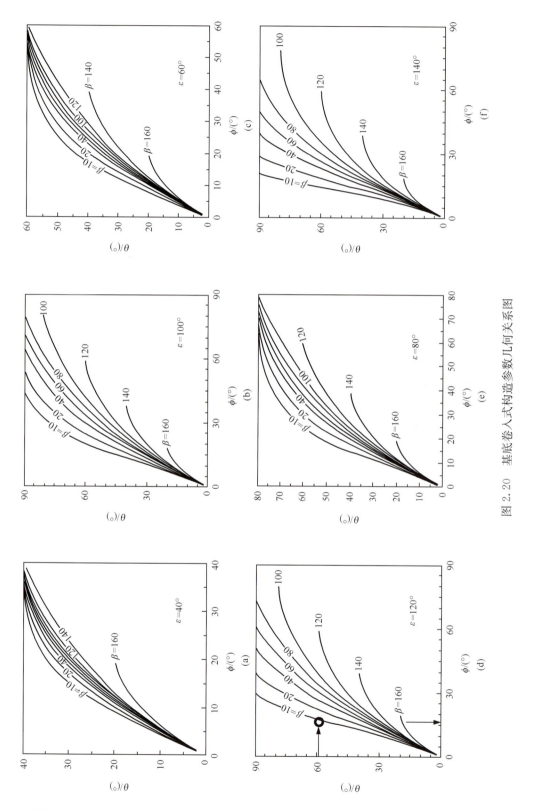

图 2.20 基底卷入式构造参数几何关系图

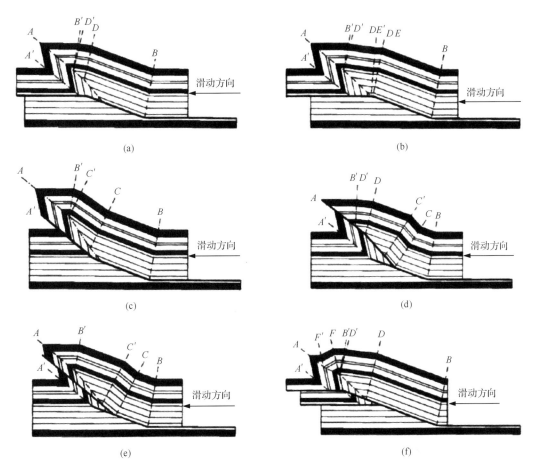

图 2.21　一些可能的突破构造样式(Suppe and Medwedeff,1990)

(a)和(b)滑脱面突破;(c)向斜突破;(d)背斜突破;(e)高角度(前翼)突破;(f)低角度突破

3) 断层传播褶皱生长地层

断层传播褶皱分为膝折型和三角剪切型,两种类型具有不同的生长地层。膝折型断层传播褶皱前后翼发育生长三角楔,沉积速率大于抬升速率时,褶皱顶端有沉积,褶皱后翼形成两个生长三角楔,褶皱前翼形成一个生长三角楔,三角楔之间被同期水平地层充填[图 2.22(a)]。沉积速率小于或者等于抬升速率,褶皱顶部无地层沉积,褶皱前后翼各保留一个生长三角楔(图 2.23)。三角剪切型断层传播褶皱前翼地层发生旋转,褶皱前翼形成扇形生长地层,褶皱后翼膝折带形成一个生长三角楔。沉积速率等于或者小于抬升速率,褶皱顶部无地层沉积[图 2.22(b)]。断层传播褶皱前翼被断层突破,突破断层发育新的膝折带,叠加在前期形成的生长三角楔之上,使生长地层复杂化(图 2.24)。

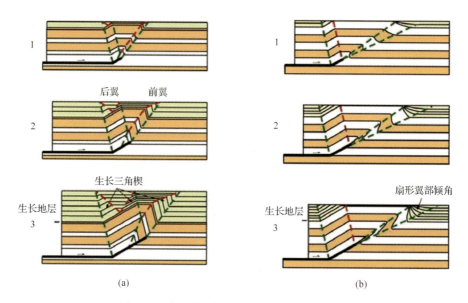

图 2.22 断层传播褶皱及其生长地层几何模型

（a）膝折型断层传播褶皱生长地层模型，地层层厚保持一致，通过膝折带迁移发生褶皱，褶皱前后翼发育生长三角楔；（b）三角剪切型断层传播褶皱生长地层模型，褶皱前翼地层厚度发生变化，形成扇形生长地层，褶皱后翼发育生长三角楔（据 Shaw et al.，2005，有修改）

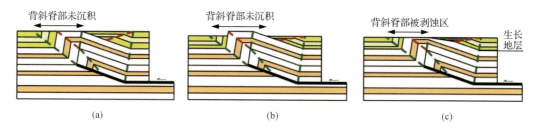

图 2.23 沉积速率小于或者等于抬升速率的膝折型断层传播褶皱生长地层模型

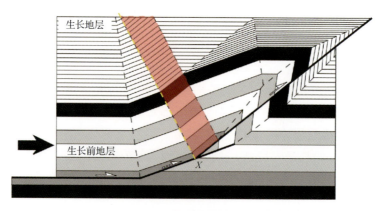

图 2.24 断层突破传播褶皱生长地层模型

突破断层与老断层交点 X 处形成新的膝折带（红色区域），改造前期形成的生长三角楔

2.1.3　构造楔几何学和运动学模型

1. 构造楔简介

构造楔(wedge structures)发育两条相互连接、倾向相反的同期断层,构造楔与断层转折褶皱的不同之处是断层位移量的传递方向不同。断层转折褶皱的位移量被断层上盘背斜吸收一部分,剩余的位移量沿断层向前传播[图 2.25(a)],构造楔的位移量被断层上盘背斜吸收一部分,剩余的位移量沿着反冲断层反冲到构造楔顶部[图 2.25(b)],形成由两个断层相关褶皱相互叠加的构造样式,通常反冲断层下盘是断层转折褶皱(如果卷入变形是沉积地层),或者刚性基底断块(如果基底也卷入变形),反冲断层上盘可以是断层传播褶皱,也可以是断层转折褶皱(Medwedeff,1990;Bellotti et al.,1995;Erslev et al.,2001;Shaw et al.,2005)。由于构造楔吸收断层的全部位移量,构造楔总的抬升量比其他类型构造都要大,构造楔地表出露的地层时代越老,剥蚀程度越高,明显比不发育构造楔的区域抬升幅度大[图 2.25(a)、图 2.25(b)]。断层转折褶皱部分位移量沿断层向前传播,发育第二排、第三排构造。构造楔的位移量沿反向断层垂向传播到构造楔顶部,而不是邻近区域,构造楔前端不发育第二排、第三排构造[图 2.25(b)]。构造楔位移量没有被反向断层全部吸收,部分位移量向前传播,此时出现构造楔与断层转折褶皱混合型构造[图 2.25(c)]。断层突破构造楔形成突破构造(breakthrough structures),构造楔下部留在断层下盘,构造楔上部被抬升[图 2.25(d)]。

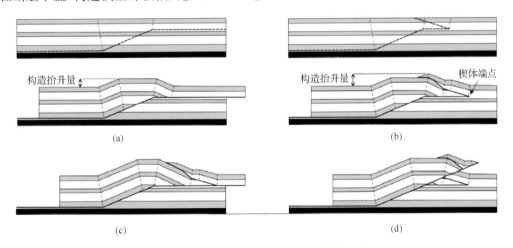

图 2.25　断层转折褶皱和构造楔几何模型对比

(a) 断层转折褶皱模型:断层斜坡上方地层发生褶皱,断层位移量沿水平断面向前滑移;(b) 构造楔模型:断层转折褶皱前端发育反冲断层,形成两个叠加断层转折褶皱,断层位移没有向前滑移,沿反冲断层逆向反冲回去;(c) 混合型构造楔模型:断层斜坡上方地层发生褶皱,部分断层位移量沿反冲断层逆向反冲回去,剩余位移量沿水平断面向前滑移;(d) 突破型构造楔模型:构造楔被晚期活动的断层切割,完整的构造楔分为断层下盘和断层上盘两个部分(引自 Mount et al.,2011)

1) 基底卷入构造楔

构造楔分为基底滑脱构造楔与基底卷入构造楔(Mount et al.,2011)。基底滑脱构造楔发生在沉积盖层,刚性基底没有卷入变形。构造楔沿基底上覆滑脱层发生滑动,构造楔的深部断层与反向断层都位于沉积盖层,沉积岩层发生变形[图2.26(a)]。基底卷入型构造楔通常出现于盆地边缘,高角度逆冲断层切过基底和盖层,刚性基底和塑性沉积盖层都卷入变形。依据断层所处位置,可将基底卷入构造楔分为两种类型。类型一:断层进入盖层,断层倾角变缓,断层前端发育断层转折褶皱,反向断层切过部分沉积盖层,沿地层层面近于水平向后滑移[图2.26(b)-1~图2.26(b)-3];断层前端也可以发育断层传播褶皱,反向断层切过沉积盖层,出露地表[图2.26(b)-4]。类型二:断层前端发生分叉,两个倾向相反的分叉断层进入盖层,断层上部沉积地层发生褶皱。基底卷入构造楔造成断层上盘抬升,判断是否存在基底卷入构造楔的方法,就是测量断层上下盘同时代地层是否有高程差异。基底滑脱构造楔变形发生在沉积盖层,除去构造楔抬升,远离构造楔同时代地层处于同一高程[图2.26(a)-3]。基底卷入构造楔断层上盘抬升,断层上下盘同时代地层存在高程差[图2.26(b)-3、图2.26(c)-3]。

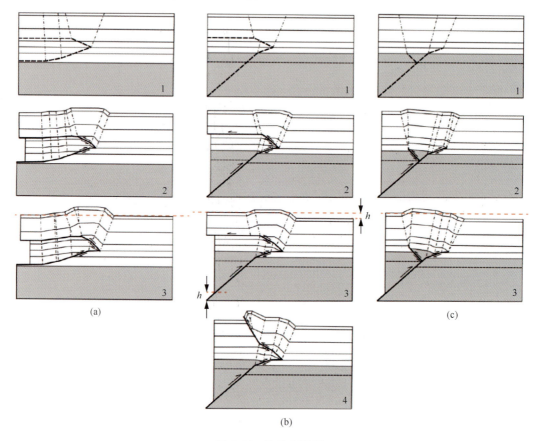

图 2.26　构造楔类型

（a）基底滑脱构造楔；（b）基底卷入构造楔类型一；（c）基底卷入构造楔类型二

2）构造楔生长地层

构造楔与断层转折褶皱发育不同形态生长地层(Medwedeff,1990)(图2.28)。如果沉积速率大于抬升速率,构造楔与断层转折褶皱前翼发育生长三角楔,但是两个三角楔的固定轴面生长脊线(红色虚线)方位相反。三角楔的固定轴面生长脊线倾向与下伏膝折带地层倾向方向相反,断层转折褶皱的固定轴面生长脊线倾向与下伏膝折带地层倾向方向相同。原因是构造楔反向断层向后滑移,断层转折褶皱下伏断层向前滑移,两条断层的滑移方向相反,两个滑移方向相反的断层,其上覆沉积的生长地层脊线也就必然方位相反。当沉积速率小于或等于抬升速率,断层转折褶皱前翼生长地层向褶皱核部方向上超,构造楔发育生长三角楔,楔体顶部被剥蚀。由于生长地层与生长前地层倾向一致,倾角相同,地层连续没有沉积间断,很难区分二者。此时识别构造楔生长地层有难度。

兔耳构造(rabbit ear structures)(Brown,1984)是基底卷入构造楔浅层发生的变形,是向斜核部挤出地层形成的高陡背斜[图 2.27(a)],又称向斜挤出构造(out-of-syncline structure)。兔耳构造发生在基底卷入构造陡倾前翼,兔耳构造与下伏逆冲断层相交,属于构造楔反向断层(Mount et al. ,2011)。当基底卷入构造楔表层构造被剥蚀,侵蚀后的构造样式同单纯的基底卷入构造(断层传播褶皱)相似[图 2.27(c)-2]。唯一的区别是兔耳构造反向断层与下伏逆冲断层相交,基底卷入构造不发育反向断层[图 2.27(c)-3]。

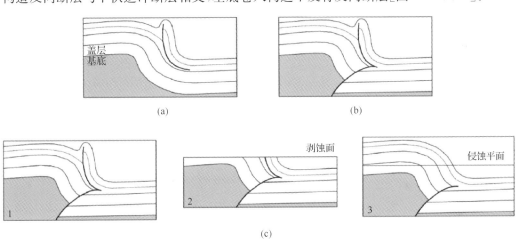

图 2.27　兔耳状构造以及被剥蚀的兔耳状构造示意图

(a) 兔耳状构造;(b) 基底卷入构造楔;(c) 剥蚀作用对兔耳构造解释的影响

2. 构造楔研究实例

准噶尔盆地南缘山前喀拉扎发育构造楔(图 2.29)。喀拉扎地表出露侏罗系、白垩系、古近系,喀拉 1 井北侧侏罗系、白垩系、古近系地层高陡,地层向北倾,倾角为 $50°\sim65°$。石油勘探地震剖面显示,喀拉扎背斜地层高陡,背斜北翼长,背斜南翼短,是一个断层传播褶皱[图 2.29(b)]。依据地表产状与地震反射波组信息,喀拉扎背斜北翼划分四个倾斜区,倾斜区被轴面线分隔,0 区地层水平,Ⅰ区地层倾角为 $21°$,Ⅱ区地层倾角为 $35°$,Ⅲ区地层倾角为 $65°$,分隔倾斜区的轴面终止于北倾断层(F_3)。断层(F_3)上盘是高陡的侏罗系、白垩系、古近系,地层出露地表,地层向北倾与盆地未变形同时代地层连接,没有发现断层和褶皱,也未出现地层重复和缺失。侏罗系底界位于地震双程反射时间 $5\sim6s$ 位置处。断层(F_3)出露于喀拉扎背斜南翼,喀拉 1 井钻遇三个断点,$0\sim3000m$ 井段侏

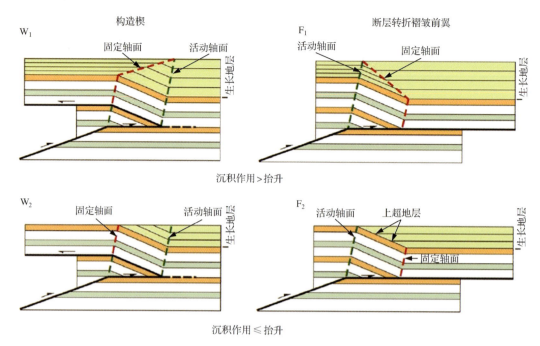

图 2.28 断层转折褶皱与构造楔生长地层模型

罗系重复三次,断层(F_3)下盘是平缓北倾的三叠系—侏罗系,地层倾角为 $20°\sim30°$。断层(F_3)分隔两套构造层,断层上盘是高陡地层,断层下盘是平缓地层。喀拉扎山前中生界被抬升,盆地中生界位于地震双程反射时间 $5\sim6s$ 位置,二者之间垂向上产生 $10\sim12km$ 的高差。石油勘探地震剖面显示,中生界—新生界沿两条北倾断层(F_2 和 F_3)向南逆冲,出露于喀拉扎山前。

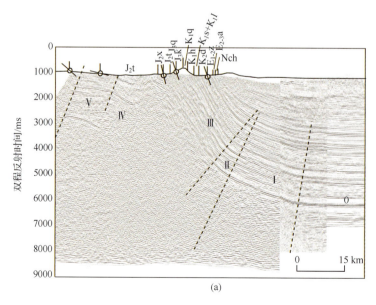

(a)

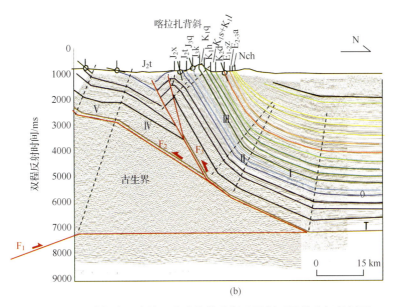

(b)

图 2.29　准噶尔盆地南缘山前喀拉扎背斜地震剖面及构造解释剖面

综上所述,喀拉扎发育构造楔,古生界沿基底逆冲断层由南向北逆冲,构造楔顶部发育两条北倾的反向断层,中生界沿北倾的反向断层由北向南逆冲,发育浅层逆冲断层和高陡褶皱。构造楔位移量为 25km,造成中生界抬升 10～12km,地表发育高陡断层和褶皱。两条反向断层形成两套地表构造,高陡反向断层上盘发育喀拉扎背斜,平缓反向断层上盘发育山前平缓侏罗系褶皱。

2.1.4　滑脱褶皱几何学和运动学模型

1. 滑脱褶皱简介

滑脱褶皱位于水平断层面之上(Jamison,1987),褶皱下伏断层未切割地层,断层沿塑性地层(膏盐岩、煤层、泥岩)滑移,断层上覆塑性地层发生聚集,充填褶皱核部,导致上覆刚性岩层弯曲变形(图 2.30)。盆地存在塑性地层(膏盐岩、煤层、泥岩)是发生滑脱褶皱的必要条件,而且塑性地层(膏盐岩、煤层、泥岩)聚集,是导致上覆刚性岩层弯曲的原因。

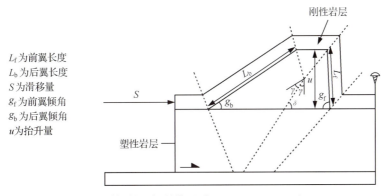

图 2.30　滑脱褶皱几何学模型(据 Poblet and McClay,1996)

滑脱褶皱以翼部岩层旋转为主,这是因为褶皱变形发生在塑性地层(膏盐岩、煤层、泥岩)聚集部位,背斜核部抬升幅度大,背斜两翼抬升幅度逐步减小,应力状态类似于底辟构造。滑脱褶皱也存在膝折带迁移方式(Hardy and Poblet,1994)。

滑脱褶皱主要识别特征有:①一个塑性岩层(膏盐岩、煤层、泥岩)在褶皱核部加厚,褶皱下部不发育断层斜坡;②褶皱下部有近水平的滑脱断层;③褶皱前沉积的刚性岩层厚度在变形前后不发生变化;④构造生长地层在褶皱顶部减薄,在褶皱翼部形成扇状。利用剖面面积与地层长度守恒,甚至可以计算滑脱褶皱的滑脱面深度(Mitra and Namson,1989)。在面积平衡剖面(图 2.31)中,滑脱变形多出来的褶皱面积 A 等于左侧地层缩短面积 A,褶皱面积 A 除以地层缩短量得到滑脱面深度为

$$z = \frac{A}{l_0 - l_1}$$

式中,l_0 为地层长度;l_1 为变形后褶皱宽度

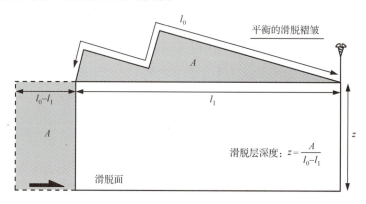

图 2.31 滑脱褶皱滑脱面的深度计算(Mitra and Namson,1989)

Poblet 和 McClay(1996)提出滑脱褶皱几何学和运动学模型,分为三种发育机制:褶皱翼部旋转[图 2.32(a)]、膝折带迁移[图 2.32(b)]、翼部旋转和膝折带迁移混生[图 2.32(c)]。褶皱发育过程塑性地层(膏盐岩、煤层、泥岩)流入褶皱核部,刚性岩层发生弯曲,刚性岩层的岩石力学性质决定褶皱形态,刚性岩层的长度、厚度和面积变形前后保持不变。

2. 封闭系统滑脱褶皱模型

现实中滑脱褶皱塑性地层(膏盐岩、煤层、泥岩)可能会在三维空间发生聚集和运移,在二维空间中难以保持面积与层长守恒。但是为了简化滑脱褶皱模型,研究者们提出了二维空间滑脱褶皱模型,其中包括两个封闭系统模型和三个开放系统模型。

方案一为滑脱层局部流动模型[图 2.33(a)],假定滑脱层面积守恒,刚性盖层层长、层厚守恒,下部滑脱层中塑性物质从盖层向斜区下方移动到背斜核部,这部分塑性物质面积 A_s,背斜核部塑性岩层面积 A_c,滑脱层缩短面积 A_b,塑性地层面积净增量 ΔA_e 之间的关系为

$$\Delta A_e = (A_c - A_s) - A_b$$

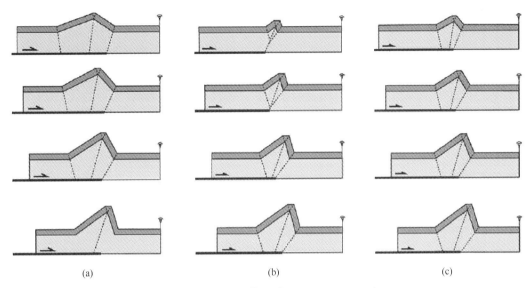

图 2.32　滑脱褶皱动力学模型(据 Poblet and McClay,1996)

(a) 翼部旋转型-翼部岩层倾角变化,岩层长度不变;(b) 膝折带迁移型-翼部岩层倾角不变,岩层长度变化;

(c)翼部旋转和膝折带迁移混生型-翼部岩层倾角变化,岩层长度变化

因为滑脱层面积守恒,所以 $\Delta A_{\mathrm{c}}=0$。在某些盐构造环境(如盐底辟)下,塑性层在三维空间中的局部流动是造成褶皱核部聚集塑性岩层的重要原因。

方案二为纯剪变形模型,此模型可以不存在厚的塑性层,而且地层长度和厚度不再守恒。纯剪模型由 Groshong 与 Epard(1994),Epard 与 Groshong(1995)提出,他们证明了应变在低起伏的滑脱褶皱中具有重大影响。纯剪变形模型本质在于,除了地层弯滑变形量 $\bar{S}_{\mathrm{f}}$,在任意高度地层 h_{b},总存在一个应变缩短量 $\bar{S}_{\varepsilon}$,使得地层缩短量等于褶皱核部增加量 $A_{\mathrm{c}} = A_{\mathrm{b}}$[图 2.33(b)]。地层总缩短量为 $S_{\mathrm{in}} = \bar{S}_{\mathrm{f}} + \bar{S}_{\varepsilon}$,弯滑变形平均缩短量为 $\bar{S}_{\mathrm{f}} = 2L(1-\cos\delta)$,平均纯剪应变量为 $\bar{S}_{\varepsilon} = 2L[(1/\bar{S}_{\varepsilon}) - 1]$,其中 L 为滑脱褶皱翼部长度,δ 为褶皱翼部倾角。得到地层缩短面积 A_{b} 为

$$A_{\mathrm{b}} = S_{\mathrm{in}}h_{\mathrm{b}} = 2h_{\mathrm{b}}L[(1/\bar{S}_{\varepsilon}) - \cos\delta]$$

式中,$\bar{S}_{\varepsilon} = L/L_0$,$L_0$ 为未变形翼长。

而褶皱核部地层面积 A_{c} 为

$$A_{\mathrm{c}} = L^2 \sin\delta \cos\delta$$

式中,δ 为翼倾角。

综合两式可得平均应变量 $\bar{S}_{\varepsilon}$ 为

$$\bar{S}_{\varepsilon} = \frac{1}{\left(\dfrac{L}{2\,h_{\mathrm{b}}}\right)\sin\delta\cos\delta + \cos\delta}$$

从 $\bar{S}_{\varepsilon}$ 公式可以看出,在翼倾角较低(约为 $10°$)的情况下,平均弯滑缩短量 $\bar{S}_{\mathrm{f}}$ 比总的

缩短量 $\overline{S} = \overline{S}_f + \overline{S}_\varepsilon$ 要小一到两个数量级,变形主要受应变影响。

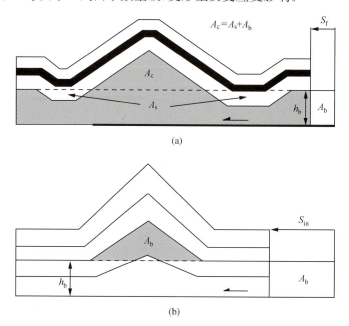

图 2.33　解决滑脱褶皱质量守恒问题的两种解决方法(Suppe,2011)

(a) 滑脱层的局部流动;(b) 能干层的纯剪切

3. 开放系统滑脱褶皱模型

以上两种模型假设褶皱处于封闭系统,物质只在系统内发生转移,挤压缩短量被褶皱全部吸收。然而现实的滑脱褶皱很可能处于开放系统,既有物质流入也有流出,褶皱没有吸收全部变形量。Suppe(2011)介绍了三种开放系统滑脱褶皱模型,假定滑脱层面积守恒,刚性盖层层长、层厚守恒。在实际构造中,开放系统模型可以与封闭模型组合发育。

第一种为远场流动模型:有系统外物质注入底部滑脱层,注入面积为 ΔA_e,因此底部滑脱层面积缩短量为 $A_b + \Delta A_e$,并且等于滑脱层之上的褶皱核部面积 A_c。盖层发生弯滑变形的缩短量 S_f 等于输入系统的缩短量 S_{in},因为刚性盖层变形限制系统范围内,所以盖层没有输出系统的缩短量,$S_{out}=0$。和封闭系统局部流动模型不同的是,在远场流动模型中,核部额外物质来源于外部系统,向斜挤出物质向背斜运移的情况不存在[图 2.34(a)]。但事实情况是介于严格的局部流动模型与严格的远场流动模型之间。

第二种为顶面滑脱模型:基底滑脱层总缩短量为 S_{in},基底滑脱层缩短面积等于基底层上方背斜核部面积 $S_{in}h_b = \Delta A_e + A_b$。但在总缩短量中,只有盖层弯滑变形缩短量 S_f 这一小部分消耗在盖层褶皱中,输入系统的大部分缩短量都沿着底部滑脱层顶部的一个滑脱面流出了系统[图 2.34(b)]。

第三种为顶部断层模型[图 2.34(c)]:顶部断层模型与顶部滑脱模型十分类似,但是滑脱层顶部盖层中的断层消耗了大部分缩短量。滑动量 S_{out} 仍由系统右侧缩短量控制,

$$S_{out} = \frac{\Delta A_e}{h_b} = S_{in} - S_f。$$

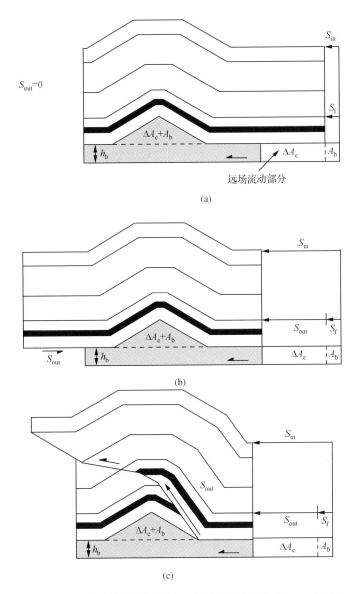

图 2.34　开放系统滑脱褶皱的三种新型解决方案(Suppe,2011)

(a)滑脱层远场流动;(b)滑脱层顶面滑脱;(c)顶部断层

4. 滑脱褶皱生长地层

三种模型具有不同生长地层形态,通过识别生长地层,可以区别滑脱褶皱变形机制(Poblet and McClay,1996)。在三种不同的滑脱褶皱机制中,生长地层呈不同的形态:①翼部旋转型的生长地层呈扇形,反映了褶皱两翼发生旋转[图 2.35(a)];②膝折带迁移型的生长地层呈三角楔形[图 2.35(b)];③翼部旋转和膝折带迁移型属于二者混合类型,在此模型中,由于褶皱两翼旋转,发育扇形生长地层,同时,由于膝折带迁移发育三角楔形生长地层[图 2.35(c)]。

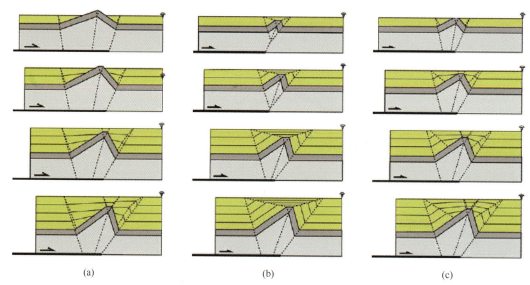

图 2.35　滑脱褶皱的生长地层动力学模型（据 Poblet and McClay，1996）

（a）翼部旋转，生长地层呈扇形；（b）膝折带迁移，生长地层呈三角楔形；（c）翼部旋转和膝折带迁移混生，
生长地层呈扇形和三角楔形

5. 滑脱褶皱研究实例

准噶尔南缘呼图壁背斜是滑脱褶皱（图 2.36）。地震剖面显示深层是水平地层，双程反射时间 6s 部位出现中侏罗统西山窑组煤系地层加厚，煤系地层聚集于褶皱核部，褶皱前后翼部第四系发育扇状生长地层，表明呼图壁背斜是第四纪发育的背斜。

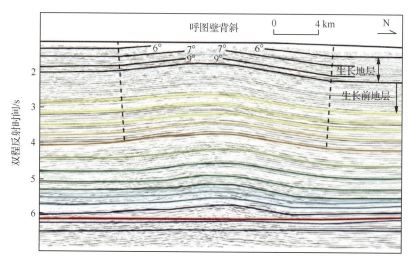

图 2.36　过呼图壁背斜的地震时间剖面

库车南秋里塔格背斜南侧发育低幅度滑脱褶皱（图 2.37）（李世琴等，2009）。滑脱褶皱平顶宽缓，两翼地层倾角为 2°。李世琴等（2009）利用前面所述的面积平衡法研究该滑脱

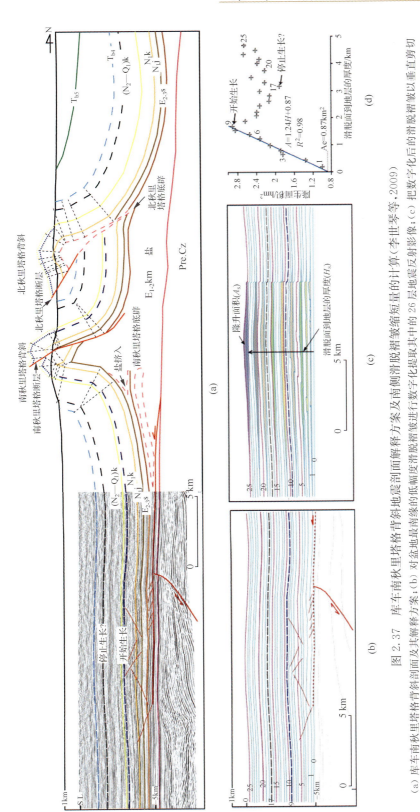

图 2.37 库车南秋里塔格背斜地震剖面及其解释方案及南侧滑脱褶皱缩短量的计算（李世琴等，2009）

(a) 库车南秋里塔格背斜剖面及其解释方案；(b) 对盆地最南缘的低幅度滑脱褶皱提取其中的 26 层地震反射影像；(c) 把数字化后的滑脱褶皱以垂直剪切的方式拉平到第 0 层以便选取区域沉积面，进而测量褶皱的隆升面积和滑脱面到地层的厚度（Hubbert-Ferrari et al.，2005）。垂直剪切进行层拉平可以保持剖面的面积不发生改变；(d) 把地层的隆升面积和滑脱面到滑脱褶皱的厚度进行线性拟合。可以看出褶皱自第 9 层沉积后开始发生变形（蓝色虚线），但到第 17 层沉积后可能已停止生长（灰色虚线）。滑脱褶皱的总缩短量为 1.24km，并有 $A_e = 0.87km^2$ 的外来面积进入了背斜核部褶皱的变形时间和变形量。将滑脱褶皱的地层划分为 26 层,以 0 层为基准面,采用垂直简单剪切法将 26 层拉平[图 2.37(c)]。褶皱变形量由深度域转换为厚度域,剖面面积守恒(Hubbert-Ferrari et al.,2005)。测量第 1 层到第 25 层的褶皱隆升面积(A_n)和滑脱面到 1~25 层之间的厚度(H_n)[图 2.37(c)](Gonzalez and Suppe,2006),通过线性拟合得到 1~25 层隆升面积(A_n)与滑脱面到测量层之间的厚度(H_n)数据图[图 2.37(d)]。1~25 层测量数据分为三段,第 1 层到第 9 层褶皱的隆升面积 A_n 与 H_n 之间满足线性方程: $A = 1.24H + 0.87$,方程相关系数 $R^2 = 0.98$,滑脱褶皱缩短量为 1.24 km,背斜核部加入 $0.87 km^2$ 的多余面积。从第 9 层到第 17 层,褶皱的隆升面积 A_n 随着 H_n 增加而减少,表明褶皱的发育时间始于第 9 层[图 2.37(a)~图 2.37(c)中蓝色虚线位置]。第 17 层褶皱隆升面积 A_n 随着 H_n 增大而增加,这可能预示着褶皱自第 17 层停止发育[图 2.37(a)~图 2.37(c)中灰色虚线位置]。第 9 层位于中新统康村组顶部。滑脱褶皱发育时间在中新世末期—上新世早期。

2.2 褶皱冲断带构造解析技术

利用断层相关褶皱理论对地震剖面进行构造几何形态分析,定量或半定量地研究构造变形特征,确定断层与地层形态之间的关系。首先通过定性的轴面分析技术,确定断层与褶皱几何形态,建立断层褶皱的构造模型。在此基础上应用二维平衡剖面技术,开展构造变形恢复,寻求地震剖面最合理的构造解释方案,确定构造动态运动的几何学变形过程。随后通过二维正演模拟技术,再现构造演化历史,开展断裂发育顺序和变形速率、沉积速率、变形期次定量分析(图 2.38)。目前,二维构造研究技术比较成熟,三维构造研究技术尚在探索,但三维构造技术引起石油地质界的极大兴趣,原因主要是出于两方面的需要:①精细的油气勘探需要确定油气圈闭的三维形态;②油气勘探对地质模型的精确度有了更高地要求。近年来,高质量的三维地震数据需求日益增加,通过三维地震覆盖区精细构造研究,提高解释方案三维空间合理性,模型检验控制地震解释方案,最大限度地提高解释的精度与可靠性,减少多解性与不确定性,在研究过程逐步完善构造解释与检验技术。

2.2.1 二维地震剖面的综合标定技术

1. 地面露头地质带帽

利用 SRTM 数字高程模型获取野外实测剖面的地表高程线,通过把野外实测产状及地层界线等投影到地表线上,利用轴面分析原理,制作沿地震测线的地表构造剖面图,一方面确定浅层层位,同时地表构造倾角标定为构造分析与建模提供依据。下面以独山子背斜为例,介绍地面露头地质带帽技术。

独山子背斜核部出露上新统独山子组($N_2 d$),两翼出露西域组($Q_1 x$)。背斜南翼宽缓,地层倾角为 20°~40°,地层自翼部向核部变陡(图 2.39),北翼短而陡,自核部开始地层倾角逐渐变陡至直立(图 2.40),甚至发生倒转(图 2.41),倒转地层呈南倾,再向北则又变为正常倾斜。

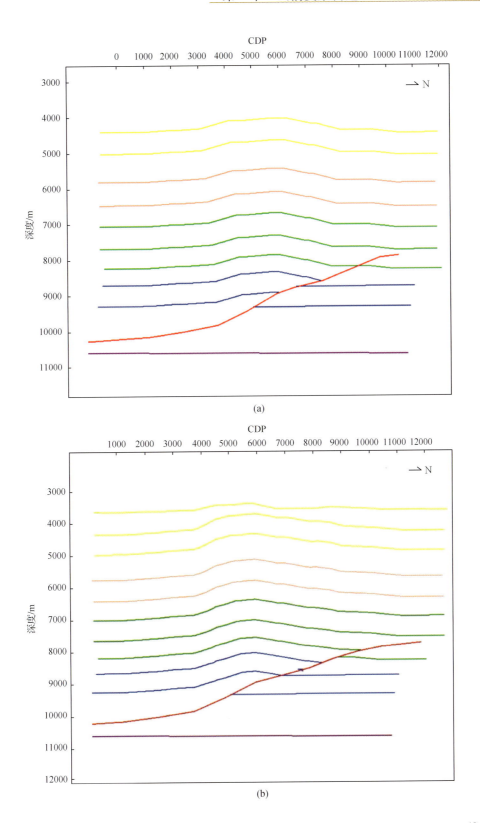

(a)

(b)

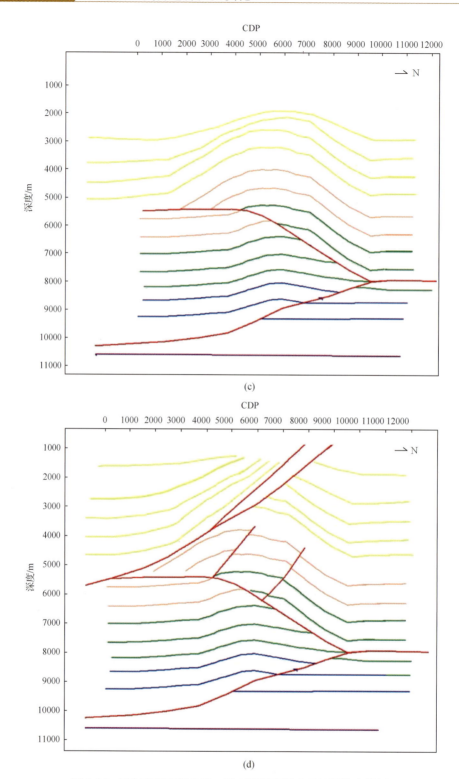

图 2.38　霍尔果斯背斜构造二维正演剖面及生长地层发育特征

（a）深层断层转折褶皱；（b）发育生长地层 N_2d；（c）发育反冲断裂及生长地层 Q_1x；（d）发育霍-玛-吐断层传播褶皱

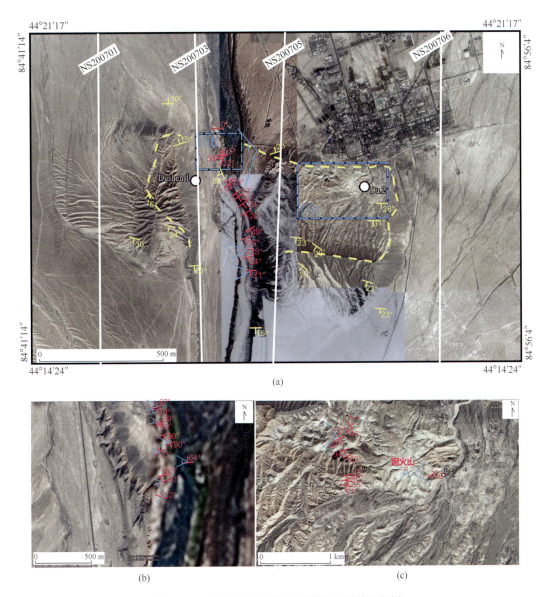

图 2.39　独山子背斜西段遥感影像地质精细解译

在背斜北翼倒转地层内发现多条次级小断层,这些小断层使背斜北翼的倒转地层发生揉皱变形,地层倾角杂乱,变形十分复杂,导致部分地层的原生层面已无法辨别。而从倒转地层再往北不到 100m 范围,西域砾岩则以南倾 60°～70° 的角度不整合沉积于下伏倒转地层之上,且西域砾岩之上的第四系同样发生了构造变形,以北倾 28° 的角度不整合沉积于西域砾岩之上。

利用 SRTM 数字高程模型获取了野外实测剖面的地表高程线,通过把野外实测产状及地层界线等投影到地表线上,利用轴面分析原理,制作独山子背斜奎屯河剖面的地表构造剖面图(图 2.42)。可以看出,独山子背斜南翼形态简单,地层厚度均匀。然而,背斜北

图 2.40 独山子背斜北翼独山子组（N_2d）直立地层野外照片

图 2.41 独山子背斜北翼独山子组（N_2d）倒转地层野外照片

翼变形十分复杂：首先，上新统独山子组（N_2d）地层在背斜北翼的出露厚度仅为 700～800m，为背斜南翼独山子组厚度的 2/3 左右；其次，背斜北翼的地层发生倒转，且地层越靠北倒转得越厉害，再往北，西域组砾岩则角度不整合沉积在独山子组之上，而第四系松散沉积物则又不整合沉积在西域组砾岩之上，且地层同样发生了构造变形；再者，背斜北翼的地层并不具有等强度的减薄特征，地层越往深部厚度更小。

通过野外构造剖面、钻井地层倾角分析与标定，结合地震剖面解释（图 2.43），独山子背斜可以初步得出以下三个认识。

第一，独山子背斜虽然呈现后翼长而缓、前翼短而陡的断层传播褶皱特征，但地层的厚度在背斜前翼发生了不规则减薄。因此，独山子背斜并非是典型的断层传播褶皱类型，而应该属于三剪断层传播褶皱类型。

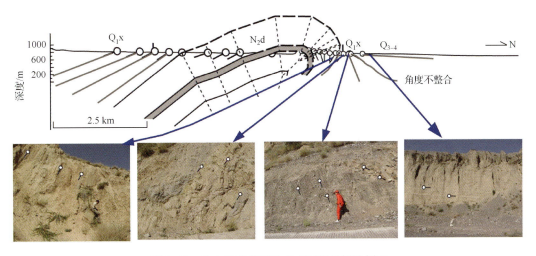

图 2.42　独山子背斜西段奎屯河野外构造剖面

第二，虽然沿奎屯河地震剖面并未见到独山子背斜明显的生长地层，但根据野外实测产状投影到地表线上制作的野外构造剖面，可以清晰地看出独山子背斜南翼西域组—上新统独山子组上部的扇状生长地层特征。因此，独山子背斜开始形成的时间应该在上新世晚期。

第三，在独山子背斜北翼的构造变形复杂区以北，第四系松散沉积物都已被抬升。因此，独山子背斜现今仍在活动，属于天山北缘典型的活动构造。

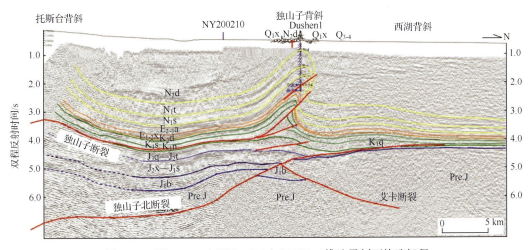

图 2.43　TS200404＋NS200703＋A9017 二维地震剖面构造解释

2. 钻井倾角地震剖面标定

准噶尔盆地山前高陡构造带地表地形复杂多变，地下地层倾角大、介质速度纵横向变化剧烈，造成地震资料反射失真，无法准确识别地下地质构造形态。地层倾角测井是一种用来确定过井的地层平面相对于水平面的倾角及相对于磁北的倾斜方位角的测井方法，具有很高的纵向分辨率,可以精确处理出井筒附近地层的真实产状,将倾角测井资料与地震资料有效结合,帮助恢复整个地震剖面的构造形态,为地质人员判别预测地下地质构造提供依据。

通过几年的摸索和研制,解决了空间域和时间域的转换方法,形成了一套能在微机上快速显示地震剖面、实现构造倾角在地震剖面上准确标定的技术与方法。

地层倾角测井井震标定技术是指将井的地层产状制成杆状图合理而准确地显示在相应的过井地震剖面上,是井约束构造解释的一种方法。

(1)测井曲线的环境校正及时深关系的确定:在常规测井资料重新处理的基础上,利用剖面中的标志层,把深度域中的测井曲线转换到时间域,这样可以将测井合成记录与地震剖面进行对比。由此获取的时深关系是地层构造倾角标定的基础。

要将地层倾角测井成果标定到地震剖面上,最重要的是得到准确的时深关系。当有VSP资料时,可以很准确地对地震层位进行标定,并得到时深关系;没有VSP资料时,则借助人工合成地震记录的方法来实现地震层位标定,并得到时深关系。由于泥浆的浸泡、井壁坍塌、声波跳跃以及测井仪器故障和刻度误差等,造成声波曲线和密度测量不准和畸变,会严重影响合成记录制作的精度,需要进行曲线的环境校正。

(2)过井剖面视倾角的计算及倾角杆状线角度的确定:地层倾角测井输出的往往是地层真倾角和相对正北方向的方位,需要把地层真倾角投影到过井地震剖面上,得到地层视倾角,视倾角杆状线的长度与地震道的CDP有关。某一点的视角度不仅与地层视倾角有关,而且与该点的声波速度有关。

(3)空间域的倾角转换为地震时间-空间域的显示方法:地震剖面在纵向上是以时间显示的(时间域);在横向上是以距离显示的(空间域)。我们以井旁道为中心,道间距的整倍数为距离,绘制横向上倾角杆状线,根据地震剖面横向上的显示比例确定绘图的像素点。纵向上根据合成记录标定的时深关系,分段绘制杆状线的倾角,有可能出现相同的视倾角,在剖面上显示的陡缓不同,所以要求分段标注倾角值。

(4)地层构造倾角的处理和人工拾取:通常地层倾角处理出来的是地层沉积倾角,而不是构造倾角。一定的地层构造形态在矢量图上有一定的倾角矢量组合模式。但一定的倾角矢量组合模式可对应多个地层构造形态。因此,应用倾角测井响应反演地质模型具有多解性,要克服多解性最有效的办法就是在地震、地质资料的控制下,建立适合特定地区地层倾角测井构造解释模型。利用地层倾角测井提供的地层倾角和倾向,分析纵向地层产状变化,确定地层倾角矢量模式图,如红模式、蓝模式、绿模式等基本倾角模式,由基本模式勾画出大模式,如大红模式或大蓝模式。然后,根据测井综合图和倾角分析结果,进行地层对比与综合分析,结合区域构造特征,运用地质规律进行解释,建立构造解释模型(图2.44)。

应用结果表明(图2.45),地层倾角测井技术可以精确处理出井筒附近地层的真实产状,帮助恢复地下真实构造形态,为建立准噶尔盆地南缘复杂构造地下地质构造模式和圈闭形态的准确描述提供了一项重要工具。

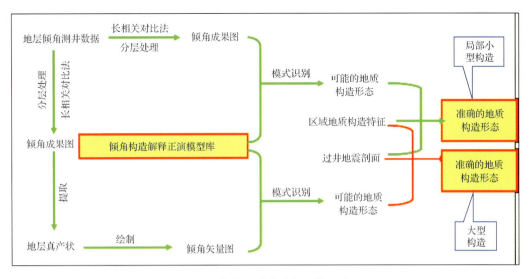

图 2.44　地层倾角测井构造解释模型建立流程

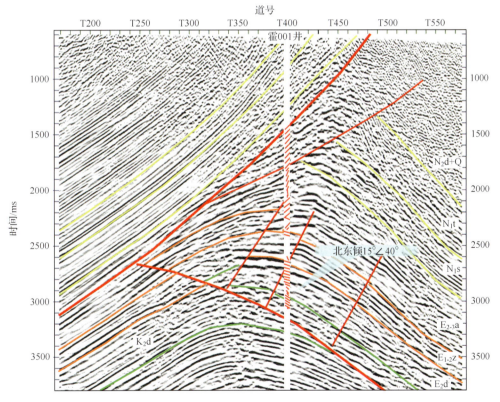

图 2.45　霍尔果斯背斜过霍 001 井地震剖面倾角标定图

2.2.2　二维构造剖面的三维空间建模技术

南缘多数构造以二维资料为主,构造解释空间一致性与合理性是构造建模的基本要求。二维构造剖面的三维空间模型可有效实现上述要求，同时可直观反映不同构造建间的横向变化特征。三维构造模型也称为格架模型，由地质反射层和断层构成。目前常规的建模方法，是在断裂模型的基础上搭建层位模型，但南缘构造复杂，深浅层构造样式差异大；逆掩断裂发育，组合关系复杂；地层重复叠置严重，且受二维测网限制，常规方法建模效果不理想。在常规方法的基础上，建立一套针对复杂构造带的建模技术(图 2.46)。采用深浅层分层控制法、复杂断块分组控制法、层位网格约束法，建立拟三维时间域模型。利用井控模型约束拟三维转深技术，将时间域模型转换成深度域模型，最终可以建成符合地下实际情况的三维构造模型。以霍-玛-吐构造带为例，阐述该技术在南缘的应用效果。

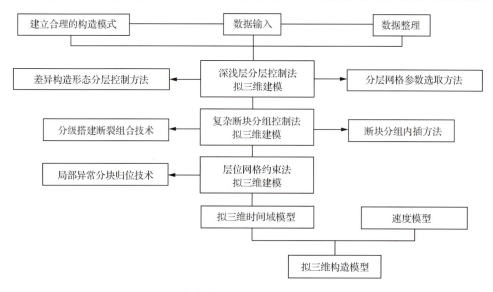

图 2.46　复杂构造二维拟三维建模技术路线

1. 深浅层分层控制法拟三维建模技术

目前，二维地震资料拟三维建模时，通常采用整体建模的方法。但在霍-玛-吐构造带，由于构造纵向形态差异大、横向转换关系复杂、二维地震解释数据分布不均，整体建模选取相同的外推、平滑参数等会导致模型与实际解释方案存在较大差异。采用深浅层分层控制法，根据构造形态差异，把霍-玛-吐背斜地层分为上、下两部分，古近系安集海河组以上作为上部分模型，以下为下部分，各自作为独立的初始模型，选择合适的网格方法与参数，分别建模再合并。分层建模后，一定程度上消除了层序间的相互干扰和影响，模型质量得到改善。

2. 复杂断块分组控制法拟三维建模技术

逆断层空间模型构建一直是拟三维建模的一个难点。霍-玛-吐构造带逆断层空间组合复杂，同一层位数据纵向叠置，建模时地层横向、纵向和垂向都会在插值过程中彼此影响，造成模型逆断层与层序关系错乱[图 2.47(a)]。采用复杂断块分组控制法，将相关性好的断块分成一组，分级搭建断裂组合，完成空间分组断裂模型；分别在各个断块组内选择合适的网格方法与参数,完成内插建模。分组建模可厘清断裂组合关系,减少断块之间层序插值的相互影响,解决重复层序网格化的难点[图 2.47(b)]。

3. 层位网格约束法拟三维建模技术

拟三维空间建模时,解释数据稀少不均或插值方法都可能造成模型断裂与层位出现局部异常,如在图 2.21(c)中就出现塔西河组被剥蚀的现象,与地震解释方案不符。局部修改时,采用对原始数据人工修改的方法,操作繁琐且不够准确。本次研究采用层位网格约束法,先找出出现异常的地层所在的断块,图 2.47(c)中蓝色的线是吐谷鲁背斜塔西河组顶界的二维解释数据,褐色的面是塔西河组顶界网格,由于二维解释数据稀少,塔西河组顶界层位网格在图中圆圈内偏低,与其下沙湾组顶界相交,导致塔西河组尖灭。采用分块修正技术,在这个断块内对塔西河组顶界重新网格,替换原来的网格重新参与建模[图 2.47(d)],消除局部异常。采用层位网格约束法,提高局部异常修改的效率与精度。

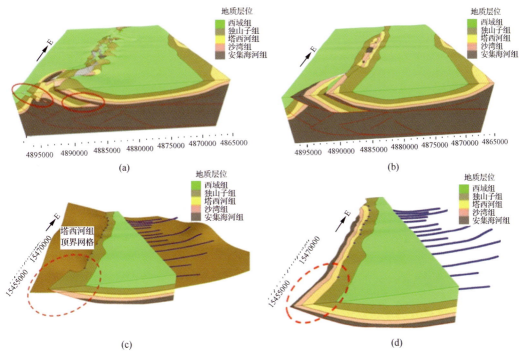

图 2.47　吐谷鲁背斜时间域模型
(a) 分组建模前;(b) 分组建模后;(c) 分块处理前;(d) 分块处理后

4. 井控模型约束拟三维转深技术

霍-玛-吐背斜带速度谱点杂乱、密度稀、分布不均匀、存在速度倒转。简单利用地震速度建场转深无法满足成图精度的需要。本书研究采用井控模型约束拟三维转深技术,实现了多信息约束下的层速度建模与转深。通过钻井速度分析,确定不同层的层速度特征,建立层速度横向变化与地层岩性、构造结构的拟合关系。在时间域模型约束下,利用钻井分析得到的速度变换规律,对各套地层进行变速充填,得到空间速度模型。将时间域模型转换成深度域模型,逐层提取得到各层的构造图。图 2.48 是应用这套技术最终得到的构造模型,实现了多工区联合二维资料拟三维空间建模,通过对二维解释数据的控制,实现二维解释层位和断裂在空间上的完全闭合,提高二维资料构造解释的精度和合理性,更加直观地明确各构造的空间展布形态及相互间转换关系,落实霍尔果斯背斜、玛纳斯背斜、吐谷鲁背斜下组合圈闭特征及高点位置。应用井控模型约束拟三维转深技术,可实现符合地质认识、速度规律的构造转深。

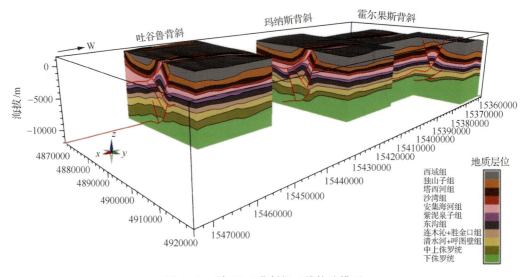

图 2.48　霍-玛-吐背斜拟三维构造模型

2.2.3　复杂构造速度建场及变速成图技术

南缘下组合大型背斜构造勘探程度低(基本均未钻揭)、埋深大、地震资料质量差,用常规方法地质成图很困难,误差很大。以下两方面对复杂构造区时-深转换精度有较大影响:①拾取计算的地震速度是否准确;②时深转换的方法。时深转换是地震解释的一个重要环节,目前常用的主要有两种变速成图技术。

1. 模型模拟迭代变速成图技术

三维模型模拟迭代法的技术核心是根据地震波在地层内的折射、透射、反射规律,模拟地震勘探的全过程。模型模拟迭代法是根据速度谱点的共中心点道集,从地质模型的第一层开始,先估计第一层的层速度,模拟道集内每一道在地质模型中的射线传播、反射、透射过程,计算接收时间,得出时距曲线;再模拟处理过程中相应的动校正方法求出要拉直这一时距曲线需要的速度,该速度再和实际速度谱上的叠加速度比较,如不相等则调整相应层速度,重复以上过程,直至两者相等,然后再模拟第二、第三层,直到最后一层。这样把每层的层速度及每层的地质倾角都求出来,计算出理论叠加速度,再和实际的叠加速度比较、反复迭代,直到两者吻合,即可求出每层的层速度和真倾角(图 2.49)。构造 T_0 模型的建立、实钻速度特征分析及地震叠加速度谱的分析与拾取是模型模拟迭代变速成图方法的基础,其准确可靠程度直接影响成图精度。

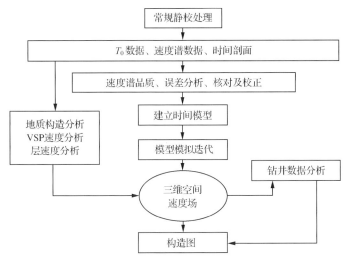

图 2.49　模型模拟迭代变速成图方法流程

2. 井控层速度模型变速成图技术

该技术是用基本符合地层速度在纵横向变化规律的层速度模型,将叠后时间数据体还原为深度数据体,在深度域编制地震反射构造图。井控速度建模技术是通过地震资料与测井资料、VSP 资料的结合,在速度建模过程中充分利用由声波时差资料得到的井速度模型对工区速度进行定性、定量分析,提高速度模型的准确性。较为准确的初始深度层速度模型会使后续反演修正模型加快收敛,提高工作效率,避免速度陷阱与假象。通过 Dix 公式转换均方根速度得到的层速度是一个不稳定的、没有地质意义的层速度,建立不起与实际地层速度趋势吻合的宏观速度场。在使用约束 Dix 反演层速度方法克服了常规 Dix 公式的局限、消除层速度异常点的同时,利用井资料信息,对初始层速度进行约束,使初始速度模型更加符合实际地质情况。通过 VSP 速度和测井速度约束下建立的初始速度模型,既能保留处理环节速度的横向变化趋势,又能与地质统计规律相符合,便于后续速度模型进行精确调整。在建立井速度模型的过程中,利用测井中的声波时差资料,转换成纵波速度,在几何模型的约束下,对速度进行插值,得到整个工区的速度体。

地震资料全层系解释及二维资料拟三维空间建模为速度模型建立与模型模拟变速成图提供了基础。南缘复杂构造变速成图多采用模型模拟方法,即模拟叠加速度生成机制,把处理过程的叠加速度换算成真速度,实现变速成图。但实际上换算结果不但有绝对误差,相对误差也很大,同时误差是由多方面因素造成的,如基准面、静校正、地质构造、速度横向变化等。因此,分析误差来源及分布规律、再加以消除是可靠转深的关键,这在很大程度上需要依赖研究人员的综合分析,需要地质、解释、处理等多方面一体化综合研究。

准噶尔盆地南缘冲断带地震速度受地表和地下双重复杂特征影响,地层速度纵横向变化大。不同构造地质目标,由于受不同地层逆掩叠置模式及不同特殊速度体平面厚度变化因素影响,速度纵横相变化主控因素不同。这就需要针对不同构造地质目标,开展针对性的地震地质综合速度建模研究。

1）霍-玛-吐背斜综合速度建模与变速成图

霍-玛-吐背斜带浅层砾岩、安集海河组泥岩及下白垩统吐谷鲁群横向厚度变化大,是控制该区速度纵横向变化的主要因素。南缘冲断带砾岩主要沉积时期为第四纪和新近纪独山子组上部,厚度差别很大,总体是从山前冲断带以北向南逐渐减薄,东段和西段厚、中段薄。霍-玛-吐背斜带古近系塑性的安集海河组泥岩为滑脱面,受霍-玛-吐断裂及褶皱变形影响,安集海河组泥岩段厚度变化剧烈,低速层安集海河组泥岩段与高速层沙湾组交替分布,地震波场复杂,地震速度解释难度大,地震速度分析精度低。下白垩统吐谷鲁群为一高速层,受深部构造三角楔影响厚度变化大(图2.50)。

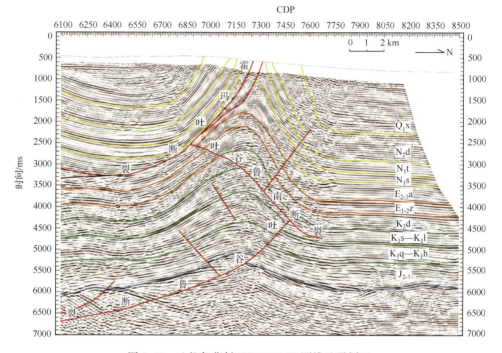

图 2.50　吐谷鲁背斜 TG201103K 测线地震剖面

针对霍-玛-吐背斜的地震资料特征和速度特点,采取构造模型约束下的井控速度建场技术,以构造模型为约束条件,利用井速度进行校正,提高速度场精度,从而提高成图的精度。首先,通过对目标区已有的钻井、测井等资料及地震速度进行分析,得到速度在纵向和横向上的变化规律。从多井地层平均速度对比图上看,安集海河组泥岩为低速层,呈现纵向速度倒转,并且横向厚度变化比较大[图2.51(a)]。从地震层速度剖面上分析,背斜南翼的速度变化幅度大,层速度大于北翼的速度。浅层高速砾岩从南向北厚度变化较大,安集海河组的大套低速泥岩对背斜中心构造高点的埋深影响较大。井的速度资料分析结果主要集中在构造轴部[图2.51(b)]。白垩系吐谷鲁群层速度由邻区钻井速度分析可以看出(图2.52),层速度为一高速层。其次,由层位、断层散点数据建立时间域构造模型[图2.53(a)],有了时间域构造模型为约束条件,由地震层速度散点数据建立层速度模型[图2.53(b)],再经过井校,建立平均速度模型[图2.53(c)]。最后,由时间域构造模型同平均速度模型经过运算,得到深度域构造模型[图2.53(d)],从而得到每个层位的深度域构造图。

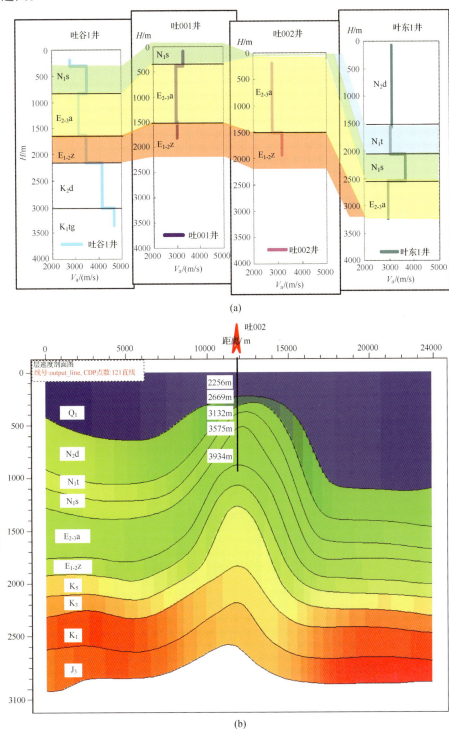

图 2.51　地层平均速度对比（a）和地震层速度剖面（b）

V_a 为地层平均速度；H 为观测点深度

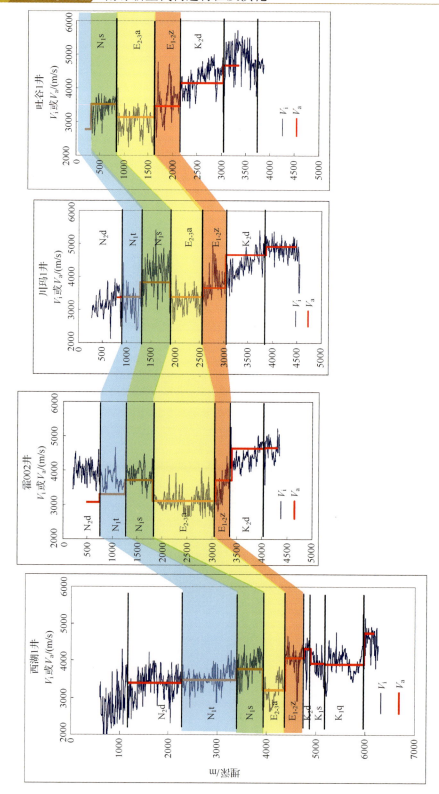

图 2.52　西湖 1 井—霍 002 井—川玛 1 井—吐谷 1 井地层平均速度对比图

V_i 为地层速度

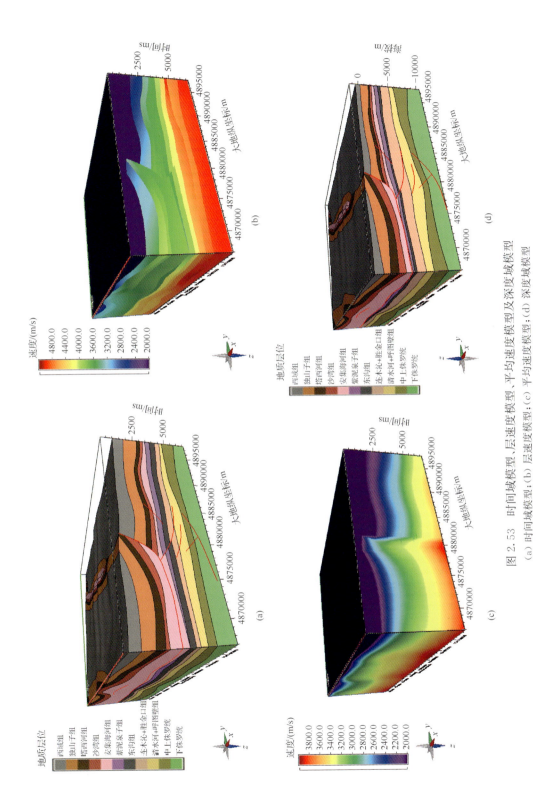

图 2.53　时间域模型、层速度模型、平均速度模型及深度域模型

(a) 时间域模型；(b) 层速度模型；(c) 平均速度模型；(d) 深度域模型

2）二维网格拟三维地震速度建场

独山子背斜二维工区有 27 条二维测线，受构造形态及速度横向变化的影响，大多数测线在时间域或深度域存在剖面闭合差及速度闭合差的问题。针对这一问题，通过二维拟三维速度建模有效地解决二维测线速度及构造深度闭合，提高速度稳定性。具体实现过程如下：

（1）建立统一二维网格工区，确定每条测线的位置，将所有测线置于该工区中。把每条线时间域道集、偏移剖面以及井数据加载到统一工区中来。

（2）建立拟三维构造模型，需要对二维网格采取拟三维处理，在全工区内建立统一的三维构造模型和三维层速度模型。建立统一的时间域构造模型是通过在偏移剖面上拾取速度界面，并将拾取的层位建立成三维构造模型，在拾取过程中需要保证全工区所有测线每个交点时间域 T_0 闭合。

（3）在统一的三维构造模型基础上，抽取每条单线层速度模型，将层速度进行三维网格化处理，转换成层速度平面图，每个交点位置用适当的平滑半径对其进行平滑，确保交点位置层速度闭合，得到统一的三维层速度模型。再用三维层速度模型将时间域构造模型进行转深，得到统一的三维深度模型，这样保证了深度模型在各交点的闭合（图 2.54）。

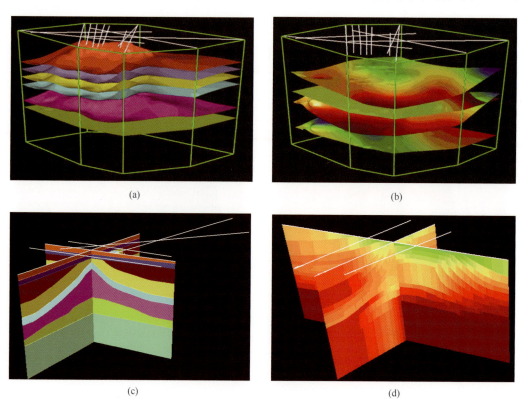

(a)　　　　　　　　　　　　(b)

(c)　　　　　　　　　　　　(d)

图 2.54　独山子背斜二维网格拟三维速度建模

（a）三维构造模型；（b）三维速度模型；（c）交点构造闭合；（d）交点速度闭合

2.2.4　模型正演验证技术

准噶尔盆地南缘褶皱冲断带构造复杂,地震成像难度较大。在地震解释中往往需要多种方法技术来综合分析。通过地面露头标定、钻井标定及区域引层,确定独山子背斜南北两翼地层[图 2.55(a)]。对于资料模糊区,在几何学和运动学分析的基础上,可以模式化解释出多种方案。方案一[图 2.55(b)]断块内部地层高陡;方案二[图 2.55(c)]安集海河组以上地层高陡,以下地层呈背斜形态。利用波动方程模型正演技术可以验证解释方案的合理性、可靠性。

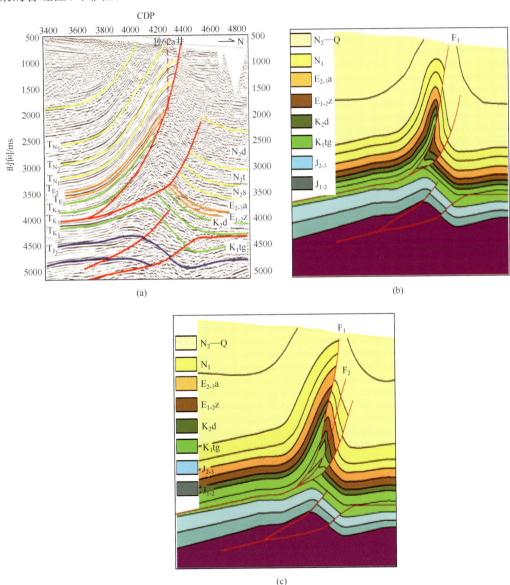

图 2.55　地震地质解释剖面与模式化解释方案

(a) 独山子背斜南北两翼地震解释剖面;(b) 模式化解释方案一;(c) 模式化解释方案二;F₁、F₂ 为断层

　　模型正演技术是利用已有资料建立地下地质模型,根据地震波在地下介质中的传播原理,通过一定的数值模拟方法,正演模拟计算出对应地质模型的地震记录。数值模拟方法主要包括射线追踪法和波动方程法两大类,射线追踪法的理论基础是几何光学,主要描述的是地震波在介质传播中的运动学特征,它缺少动力学特征,在对复杂的地质构造成像时会出现盲区,因此,对复杂构造进行正演模拟不适合采用射线追踪法,而波动方程法兼顾地震波的运动学和动力学特征,地震波场中信息更加丰富,非常适用于这种褶皱冲断带构造复杂、挤压变形强度大的地质构造区域。

　　在验证独山子背斜解释方案过程中,通过建立正演模拟地震观测系统、地质模型,选取合适的震源和子波,采用波动方程法数值模拟地震放炮、接收和采集过程。与实际勘探相同,激发了375炮,图2.56是第210炮的地震记录和波场快照,可以观察到地震波传播

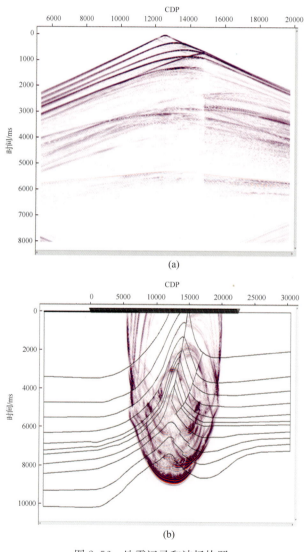

图 2.56　地震记录和波场快照

(a) 第 210 炮的地震记录;(b) 第 210 炮的波场快照

和反射情况,有助于了解波场的特征。在实现地震模型正演模拟的过程中,需要注意以下三点:一是正演模拟的观测系统参数要与实际勘探保持一致,如相同的最大炮检距、道距、炮间距等,在不影响结果的情况下,为了提高运算效率,可以适当简化;二是在搭建地质模型时,先参考深度域地震剖面建立它的几何模型;三是在对几何模型进行物性参数填充时,由于准噶尔盆地南缘地层速度在纵向和横向上变化都比较大,不能给每一套地层赋上一个常速度值,这里主要参考钻井速度以及处理上的层速度剖面进行井控变速充填。建立起来的地质模型要贴近地下实际情况[图 2.57(a)]。通过对全波场数据的处理,由正演结果可以看出:方案一断裂下盘地层成像较为高陡,无回倾现象;方案二的断裂下盘紫泥泉子组成像具有明显回倾现象,呈背斜形态,与叠前时间偏移地震剖面较为一致[图 2.57(b)、图 2.57(c)]。结果证实了独山子背斜发育方案二的构造样式可能性大,解释方案二更加合理。

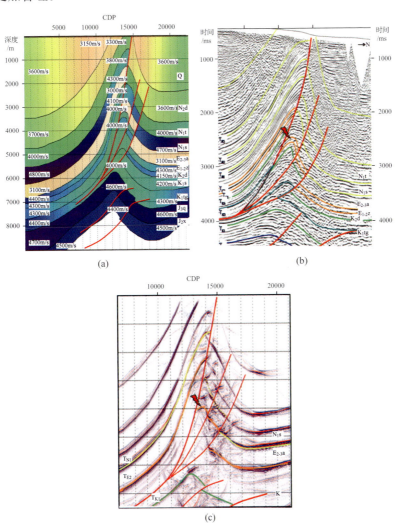

图 2.57　地质模型、地震剖面与正演结果对比

(a) 地质模型;(b) 地震剖面;(c) 正演剖面

准噶尔盆地南缘东段构造特征分析 第 3 章

准噶尔盆地南缘东段又称为阜康断裂带，是博格达山前弧形构造带。弧形构造带分成四亚段：西亚段位于博格达山与准南中段的过渡带上（以喀拉扎背斜为例），地表断层不发育，背斜轴向具有过渡特征，由近 EW 向逐渐转为 NE-SW 向（图 3.1）；北西亚段位于博格达山和阜康凹陷之间，断裂走向 NE-SW；中段夹持于博格达山与北三台凸起之间，断裂近 EW 走向。东段位于博格达山和吉木萨尔凹陷之间，断裂走向 NW-SE。阜康凹陷中—新生界几千米厚，西段发育隐伏构造楔，向东发育逆冲断层和褶皱（古牧地背斜、七道湾背斜）。北三台凸起中—新生界薄，逆冲断层逆冲到凸起之上，形成叠瓦状逆冲断片。吉木萨尔凹陷叠加在三台凸起之上，中—新生界薄，也是一个隆起。显然，阜康断裂带的弧形展布和各段的构造差异，与博格达山前不发育统一的山前盆地，博格达山弧形凸起正面是北三台凸起，东西两端是阜康凹陷、吉木萨尔凹陷，阜康断裂带是博格达山与凸起之间挤压冲断带（图 3.2）。

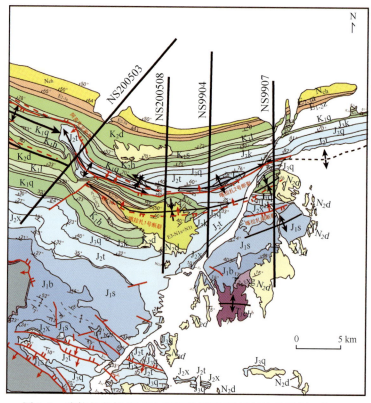

图 3.1　喀拉扎背斜-阿克屯背斜地质图（黑线标注地震剖面位置）

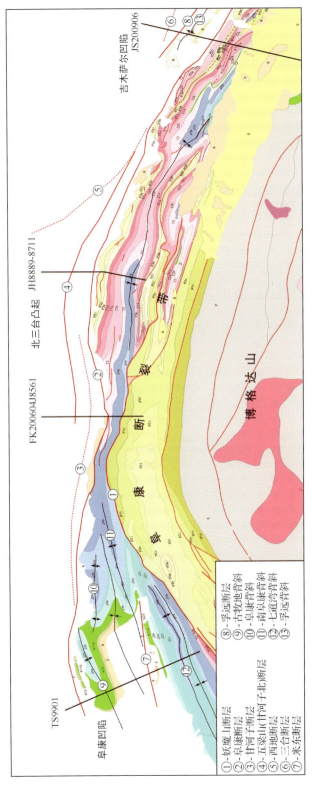

图 3.2　阜康断裂带裂构造地质图（黑线标注地震剖面位置）

① - 妖魔山断层
② - 阜康断层
③ - 甘河子（甘河子北）断层
④ - 五梁山断层
⑤ - 西地断层
⑥ - 三台断层
⑦ - 米东断层

⑧ - 孚远断层
⑨ - 古牧地背斜
⑩ - 阜康背斜
⑪ - 南阜康背斜
⑫ - 七道湾背斜
⑬ - 孚远背斜

3.1 阜康西段构造特征分析

喀拉扎背斜位于准噶尔盆地南缘东端，背斜呈向南凸的弧形，东段走向 70°，西段走向 280°（图 3.1）。背斜核部出露侏罗系三工河组（J_1s），北翼依次出露侏罗系中上统、白垩系、古近系到新近系，地层倾角为 60°～75°，背斜南翼出露侏罗系、白垩系，地层倾角较缓。测线 NS9904 为喀拉 1 井过井剖面，喀拉 1 井井深为 3570m，其中，侏罗系三工河组（J_1s）厚为 1304m、八道湾组（J_1b）厚为 1019m、三叠系中上统（T_{2-3}）厚为 1247m，未见底，钻遇三个断点，其中一个断点位于侏罗系三工河组（J_1s）内部，为喀拉扎背斜形成之后的突破断层"喀拉扎 2 号断裂"，在向上延伸时发生切层，突破出地表，另外两个断点位于 T_2k 内部（图 3.3）。结合钻井资料、地表露头信息和地震反射特征，可以确定喀拉扎背斜为一个反冲断层"喀拉扎 1 号断裂"所形成断层传播褶皱，反冲断层发育于喀拉扎向斜核部，且至少位于三叠系 T_2k 底部（图 3.3）。

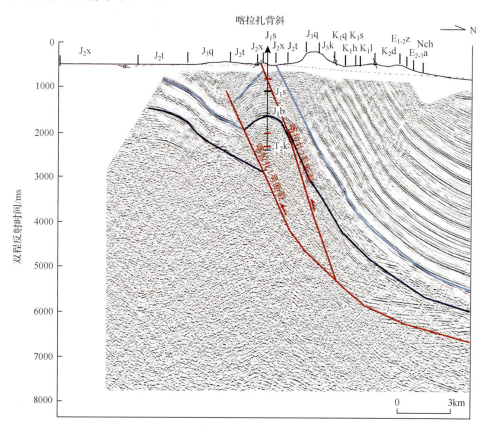

图 3.3 喀拉扎背斜过井地震剖面（测线号 NS9904）

测线 NS9907 位于喀拉扎背斜东端（图 3.1），地震剖面浅层地震反射同相轴清晰，依据地表产状与地震反射波组信息，将地层划分为六个倾斜区，分别用 0、Ⅰ、Ⅱ、Ⅲ、Ⅳ、Ⅴ 表示，轴面平分相邻地层等倾斜区[图 3.4(a)]。0 区地层水平，Ⅰ区地层倾角为 21°，Ⅱ、

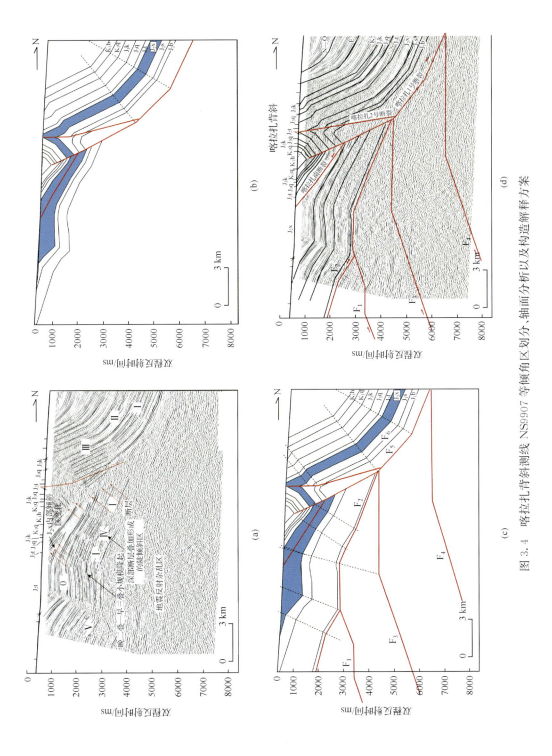

图 3.4　喀拉扎背斜测线 NS9907 等倾角区划分、轴面分析以及构造解释方案

Ⅳ、Ⅴ区地层倾角为 35°,Ⅲ区地层倾角为 65°。剖面右侧Ⅰ、Ⅱ、Ⅲ三个倾斜区组成喀拉扎背斜北翼,分隔这三个倾斜区的轴面终止于"喀拉扎 1 号断裂",这条断裂在地震剖面上存在明显的断面显示。然后将剖面中的区域标志层侏罗系西山窑组(J_2x)标成蓝色,在喀拉扎向斜核部,侏罗系西山窑组存在小位移量的错断[图 3.4(b)]。断层位于喀拉扎背斜下伏,断层位移量由下向上逐渐减小,褶皱南翼短北翼长,可以确定喀拉扎背斜是北倾"喀拉扎 1 号断裂"形成的断层传播褶皱。

北倾断层下盘 0、Ⅰ、Ⅳ倾斜区位于构造楔顶部,构造楔底部前冲断层 F_3 在 0 区与Ⅰ区之间轴面线位置转平,并在三叠系转平,这条逆冲断层与 0、Ⅰ、Ⅳ倾斜区下伏北倾的反向断层 F_2 组成构造楔,Ⅰ、Ⅳ区是构造楔前端倾斜区,0 区是构造楔平顶[图 3.4(c)]。依据地表出露地层和地震信息分析,反向断层上盘是三叠系及上覆地层。Ⅰ区倾角值为 21°,根据断层转折褶皱理论,断层 F_3 的断坡倾角为 18°~19°。剖面南端的Ⅴ倾斜区代表另一个构造楔反冲断层的上盘地层,这个构造楔由前冲断层 F_1 与反冲断层 F_2 组成,由于剖面长度限制,无法得知该构造楔的完整形态,可以确定该构造楔形成了喀拉扎向斜的南翼[图 3.4(c)]。在深部还叠加了一个构造楔,由前冲断层 F_4 和喀拉扎背斜下部的反冲断层"喀拉扎 1 号断裂"组成,前冲断层 F_4 可以由倾斜区Ⅰ和Ⅱ之间的轴面以及倾斜区Ⅰ向盆地转平的位置控制,这两个轴面之间控制的范围为断层 F_4 的断坪,倾斜域Ⅰ的倾角值为 21°,F_4 的断坡倾角为 18°~19°[图 3.4(c)、图 3.4(d)]。在向斜南翼,侏罗系西山窑组内部,地层厚度加厚,并且存在明显的倾斜区变化[图 3.4(a)],表明在两个倾斜区之间存在一条北倾的逆断层"喀拉扎南断裂"造成侏罗系西山窑组地层的加厚[图 3.4(d)],断裂位于侏罗系西山窑组内部,东西延伸长为 10km(图 3.1)。在喀拉扎背斜核部出露了一条高陡断裂,并且在地震剖面中,背斜北翼的Ⅲ区地层有小幅度的倾角区变化[图 3.4(a)],表明侏罗系底部存在一条顺层滑脱断层"喀拉扎 2 号断裂",断层在向地表延伸时,发生切层,并突破出地表[图 3.4(d)]。

测线 NS200508(图 3.5)位于喀拉扎背斜西倾伏端,靠近阿克屯背斜西段(图 3.1)。整体的构造样式与 NS9907 类似,区别在喀拉扎向斜深部发育了一条南倾逆断层"阿克屯北断裂",断裂切断深部构造楔。阿克屯北断裂向西逐渐增大,并最终在阿克屯背斜西段出露于地表(图 3.1),这条断层可能是造成准噶尔盆地南缘东段褶皱轴向变化的直接原因。

3.2 阜康断裂带北西段构造特征分析

阜康断裂带西段发育三条高陡南倾逆冲断层(妖魔山断层、米东断层、阜康断层)和两个褶皱(七道湾背斜、古牧地背斜)(图 3.6)。博格达山前妖魔山断层高陡,断层上盘二叠系、石炭系出露地表(图 3.2),米东断层、阜康断层将中生界抬升至地表。七道湾背斜位于米东断层上盘,侏罗系出露地表,古牧地背斜位于阜康断层上盘,白垩系出露地表。阜康断层下盘发育中生代(?)断层。阜康断裂带是新生代发育的断裂,古牧地背斜前翼沉积第四系构造生长地层。三条断层由南向北变缓,断层发育顺序由南向北变新,形成妖魔山断层、米东断层、阜康断层三排构造(图 3.7)。

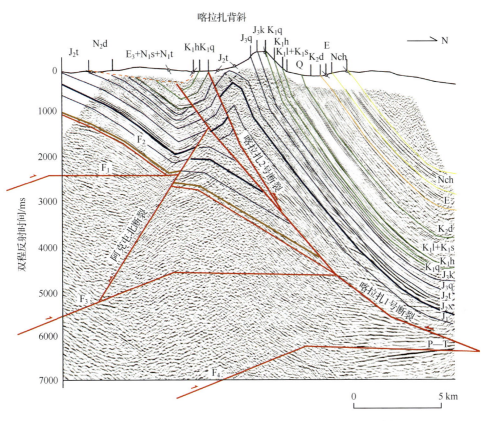

图 3.5　准南山前喀拉扎背斜西段测线 NS200508 地震解释剖面

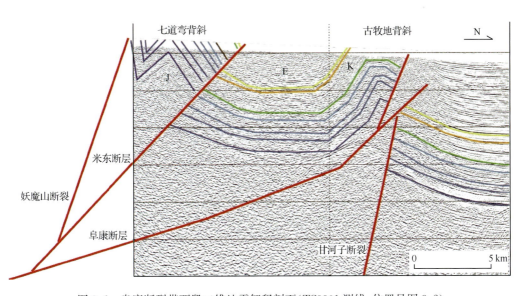

图 3.6　阜康断裂带西段二维地震解释剖面(TS9901 测线，位置见图 3.2)

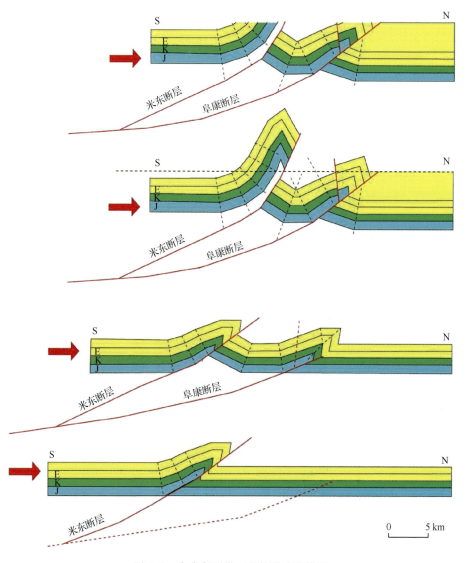

图 3.7　阜康断裂带西段构造演化模型

3.3　阜康断裂带中段剖面

阜康断裂带中段西起阜康背斜，东至西地断层，处于博格达山前弧形构造带凸起部位（图 3.2）。阜康断裂带中段前端是北三台凸起，隆起阻挡逆冲断层向北扩展，山前带的几条断层挤压到一起，妖魔山断层、阜康断层相距 1～2km，形成叠瓦状逆冲断片推覆带，二叠系—三叠系出露地表（图 3.8、图 3.9）。阜康断层下盘甘河子北断层是高角度断层，断层活动造成北三台凸起白垩系、上侏罗统缺失，发育三期不整合：侏罗系八道湾组（J_1b）/三叠系黄山界组（T_3h）不整合、侏罗系头屯河组（J_2t）/侏罗系西山窑组（J_2x）不整合、古近系/侏罗系喀拉扎组(J_3k)不整合,因此甘河子北断层是中生代活动的断层。阜康断裂带中段是新生代断裂与中生代断层交汇部位,甘河子北断层是北三台凸起边缘断层,中生代活动;妖魔山断层、阜康断层是第四纪发育的逆冲断层,断层由南向北逆冲,逆冲推覆到甘河子北断层之上(图 3.10)。

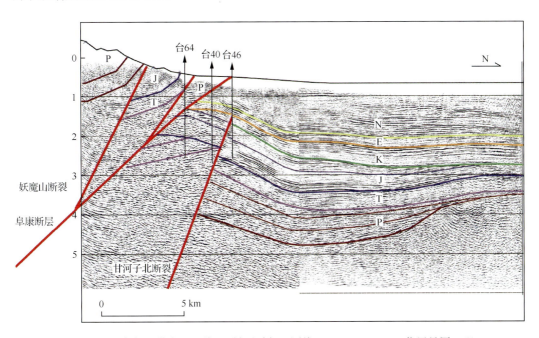

图 3.8　阜康断裂带中段二维地震解释剖面(测线 FK200604-J8561,位置见图 3.2)

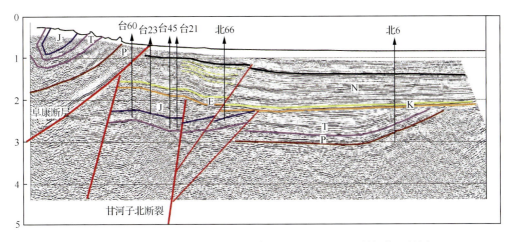

图 3.9　阜康断裂带中段二维地震解释剖面(JH8889-8711 测线,位置见图 3.2)

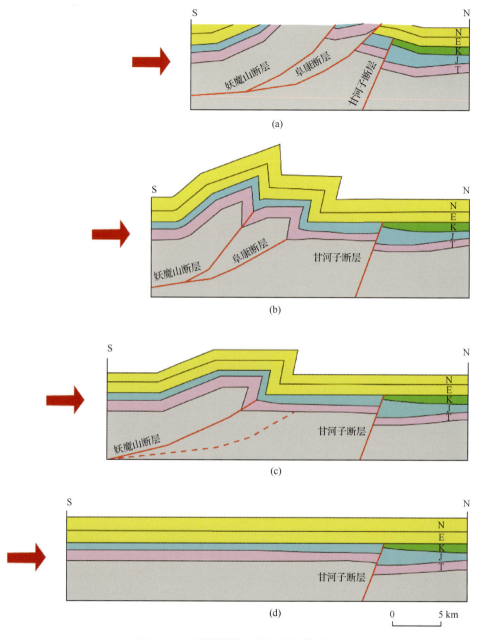

图 3.10　阜康断裂带中段构造演化模型

3.4　阜康断裂带东段剖面

　　阜康断裂带东段发育阜康断层和孚远断层二条逆冲断层。阜康断层上盘出露石炭系、二叠系,台 17 井钻遇阜康断层。孚远断层上盘发育一个低幅度断层传播褶皱-孚远背斜,由中—新生界组成,这套地层与三台凸起的同时代地层可以对比。三台凸起是一个晚古生界以来长期活动的隆起,凸起两翼石炭系—中生界发生不整合超覆,凸起顶部缺失石炭系上覆地层,揭示三台凸起隆起时代(图 3.11)。三台凸起被古近系不整合覆盖,新生界平缓,厚度变化不大,表明新生代三台凸起构造变形微弱。第四纪博格达山隆起挤压山前带,三台凸起南翼发育逆冲断层。如果与未变形的三台凸起北翼对比,孚远断层逆冲到三台凸起之上,凸起南缘的中生界—新生界发育变形。

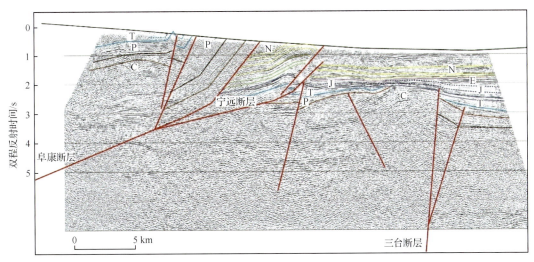

图 3.11　阜康断裂带东段二维地震解释剖面(JS200906 测线,位置见图 3.2)

博格达山前凹陷不发育,阜康断裂带位于山脉和凸起之间,新生代逆冲构造发育在凸起边缘。山前逆冲断层推覆到凸起边缘,掩盖凸起边缘的老断层。阜康断裂带是新生代和古生代—中生代两期变形叠加区,浅层发育新生代逆冲推覆带,深层古生代—中生代古隆起被覆盖,构成深浅两套构造叠加。

3.5　阜康断裂带主要断裂特征

阜康断裂带及邻区发育两类不同性质断层(表 3.1):①博格达山前的妖魔山断层、米东断层、阜康断层、孚远断层,表现为由南向北的逆冲推覆特征;②位于北三台凸起、三台凸起边缘的甘河子断层、甘河子断层、甘河子北断层、三台断层、西地断层,属于古生代—中生代活动的基底断层。

表 3.1　阜康断裂带主要断层要素表

断裂名称	走向	倾向	倾角	性质	时代
妖魔山断层	弧形	S	40°~50°	逆冲	新生代
米东断层	近 EW 向	S	高角度	逆冲	新生代
阜康断层	NW 向	S	上陡下缓	逆冲	新生代
孚远断层	NW 向	S	20°~30°	逆冲	新生代
甘河子北断层	NW 向	不明	70°~80°	逆	中生代
甘河子断层	NW 向	不明	60°~70°	逆	中生代
西地断层	近 SN 向	W	60°~70°	逆	中生代
三台断层	NW 向	W	60°~70°	逆	中生代

1. 新生代逆冲断层

妖魔山断层位于博格达山前,断层走向近东西向,断层上陡下缓,断层面南倾。妖魔山断层是博格达山前的盆山边界断层,也是阜康断裂带的南界断层,断层南侧出露博格达山的石炭系—二叠系,断层北侧出露中生界—新生界,妖魔山断层以南归属博格达山,断层以北属于阜康断裂带。

米东断层位于阜康断裂带西段,断层走向近东西向,断层面南倾,断层上盘发育七道湾背斜,是一条介于妖魔山断层和阜康断层之间的新生代逆冲断层。

阜康断层是一条逆断层,断层上陡下缓,断层面南倾,断层上盘的晚古生界—中生界由南向北逆冲推覆。阜康断层滑脱面由西向东位于不同的层位,断层西段滑脱面是侏罗系西山窑组(J_2x)煤系地层,埋藏深度4s(双程反射深度),断层上盘侏罗系逆冲到地表;阜康断层中段和东段的滑脱面是二叠系芦草沟组(P_2l)泥岩层,埋藏深度$2\sim3$s(双程反射深度),断层上盘二叠系逆冲到新生界之上。

孚远断层位于阜康断裂带东段,断层走向北西向,断层面南倾,断层上盘发育孚远背斜。孚远断层是一条新生代逆冲断层,位于阜康断层下盘,是阜康断裂带东段的前缘断层。

2. 古生代—中生代断层

断层位于北三台凸起边缘,造成中生界缺失。甘河子断层是一条高角度断层,位于北三台凸起南部边缘,属于北三台凸起边界断层。甘河子断层造成北三台凸起抬升,侏罗系、白垩系缺失,断层活动期为白垩纪。甘河子断层近东西走向,向东断层走向发生偏转,转为北西-南东向,与阜康断层交汇。

西地断层是一条高角度断层,位于北三台凸起东部边缘,断层南北向延伸,向南逐渐消失。西地断层控制北三台凸起二叠系—中生界沉积,断层活动于晚古生代—中生代,断层被新生界覆盖,新生代活动微弱。

三台断层位于三台凸起边缘,是一条高角度断层,控制三台凸起二叠系—中生界沉积,断层活动于晚古生代—中生代,新生代活动微弱。

准噶尔盆地南缘中段构造特征分析　第 4 章

　　准噶尔盆地南缘中段由三排相互平行、近东西向排列的背斜带组成(图 4.1)(Avouac et al.，1993；邓启东等，1999；Lu et al.，2010)，主要受 SN 向的纯挤压作用。山前带主要由阿克屯背斜、昌吉背斜、齐古背斜、南玛纳斯背斜组成；中带由吐谷鲁背斜、玛纳斯背斜、霍尔果斯背斜组成；北带由安集海背斜和呼图壁背斜组成。山前中段不仅是油气勘探的主力区块，先后发现了齐古油田油气藏、玛河气田油气藏等；也是研究活动构造的热点区域，如 1906 年发生的玛纳斯 7.7 级大地震(邓起东等，2000)。本章将运用断层相关褶皱理论和构造地震解释技术，综合利用地震、野外地质调查以及钻井等资料，首先依据南缘中段构造走向上的差异，选取各段典型区域剖面，分析南缘山前构造与盆地构造之间的关系；然后分别对中段山前构造和盆地构造的构造样式做重点分析。

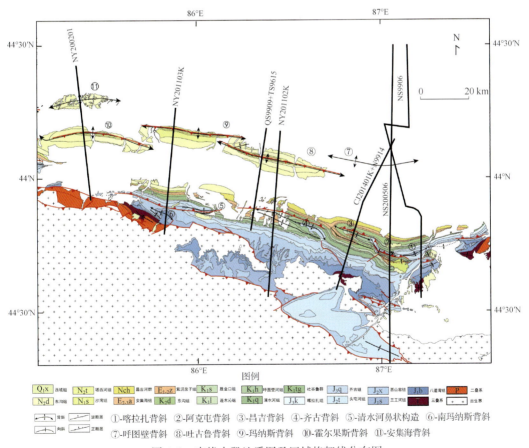

图 4.1　南缘中段地质图及区域格架线分布图

4.1 南缘中段区域格架构造分析

4.1.1 阿克屯背斜-呼图壁背斜

阿克屯-呼图壁剖面位于南缘构造中段与东段的分界线处(图4.1),山前出露侏罗系、白垩系、古近系,背斜北翼地层高陡,倾角为50°~70°(图4.2),图4.2的位置见图4.3。盆地中的呼图壁背斜为正在形成中的背斜,地表还未显现出背斜形态。阿克屯背斜可分成东西两段,东段背斜走向近EW向,而西段背斜轴向为NW-SE向,西段背斜是高陡褶皱,背斜两翼地层直立,背斜核部出露侏罗系头屯河组(J_2t)(图4.4),背斜南翼发育向斜(图4.5)。阿克屯背斜南侧向斜新近系独山子组(N_2d)不整合覆盖下伏褶皱地层之上(图4.6),阿克屯背斜前翼(北侧)上新统独山子组与下伏塔西河组为整合接触,地层倾角向北逐渐变缓,倾角变化为37°~30°~20°。表明上新统独山子组是一套构造生长地层,沉积于阿克屯背斜抬升变形期间。由此推断,阿克屯背斜变形发生在上新统独山子组沉积期(Fang et al.,2007)。

图4.2 阿克屯背斜核部侏罗系齐古组(J_3q)(位置见图4.3)

阿克屯-呼图壁二维地震剖面显示(图4.7),山前发育两个叠加构造楔。第一个构造楔前端位于地震剖面南端,由前冲断层F_1与反冲断层F_2组成,构造楔位移量为12km,这个构造楔影响到后峡地区的构造变形(Chen et al.,2011)。第二个构造楔位于阿克屯背斜下伏,构造楔前端位于盆地变形位置,盆地水平岩层在构造楔前端向南弯曲,地层向北倾,倾角为31°,根据Suppe(1983)的断层相关褶皱理论,断层F_3倾角为24°,构造楔位移量为12km。依据地表产状与地震反射波组信息,阿克屯背斜北翼划分四个倾斜区,0区地层水平,Ⅰ区地层倾角为21°,Ⅱ区地层倾角为35°,Ⅲ区地层倾角为65°。阿克屯背斜是一个隐伏的断层传播褶皱,背斜南翼短,北翼长,断层尖点位于向斜核部,在背斜的北翼发育的突破断层出露于喀拉扎背斜南翼,断层上盘侏罗系逆冲到白垩系之上。

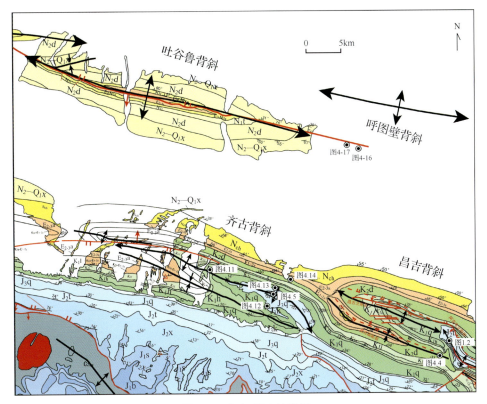

图 4.3　齐古-昌吉地质图

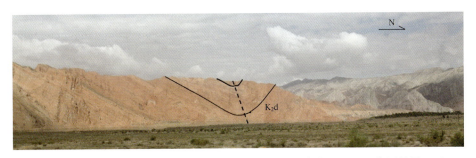

图 4.4　阿克屯背斜南侧出露的向斜,向斜核部白垩系东沟组(K_2d)(位置见图 4.3)

图 4.5　齐古背斜核部侏罗系($43°50'36''$,$86°37'52''$,位置见图 4.3)

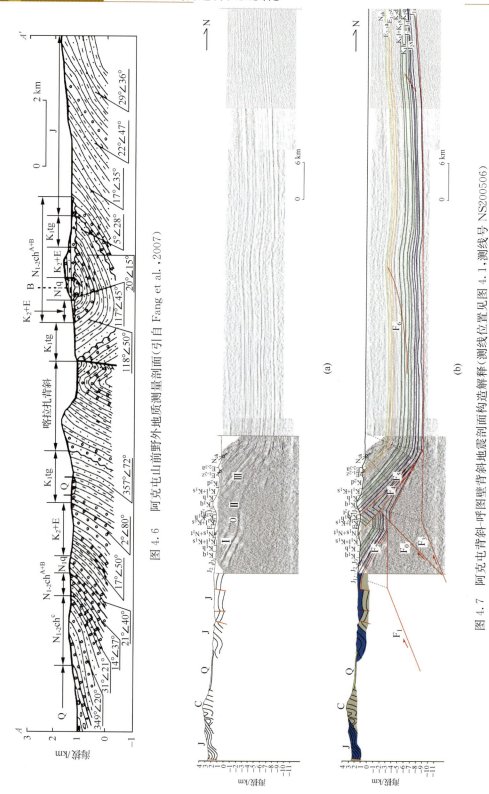

图 4.6 阿克屯屯山前野外地质测量剖面(引自 Fang et al.,2007)

图 4.7 阿克屯背斜-呼图壁背斜地震剖面构造解释(测线位置见图 4.1,测线号 NS200506)

阿克屯背斜山前出露中—新生界与盆地中未变形的同时代地层连接,盆地侏罗系位于地下 10～11km 位置处,山前地表出露地层与盆地同时代地层之间垂向抬升 10～12km,二者之间没有发现大位移量断层和大型褶皱,也未出现地层重复和缺失。通过阿克屯-呼图壁平衡剖面反演,计算得到阿克屯二个构造楔位移量为 9km＋12km＝21km,构造楔顶部地表褶皱缩短量为 9km,构造楔吸收位移量为 21km－9km＝12km,它们与阿克屯中生界抬升幅度相一致(图 4.8)。

盆地腹部发育呼图壁背斜和芳草背斜(图 4.7)。背斜下伏滑脱断层位于侏罗系中下统煤系地层,背斜核部煤层加厚,形成滑脱褶皱。呼图壁背斜浅层背斜高点向南偏移,与深层滑脱褶皱高点不在同一位置,推测浅层发育南倾断层 F_6,断层上盘白垩系、新生界发生层间滑移,形成简单剪切断层转折褶皱。由于呼图壁背斜和芳草背斜规模有限,表明山前构造楔吸收大部分位移量,只有少量的位移量传递到盆地。

4.1.2　昌吉-呼图壁背斜

昌吉背斜位于呼图壁河与昌吉河之间。地震剖面显示昌吉背斜下伏发育三条北倾断层(F_4、F_6、F_8),断层 F_4 切割侏罗系、白垩系下统,侏罗系西山窑组(J_2x)煤层被分隔为三段[图 4.9(a)]。昌吉背斜北翼白垩系上统东沟组(K_2d)、新生界向北倾,与盆地未变形地层相接,断层 F_4 向上仅延伸到白垩系连木沁组和胜金口组($K_1l＋K_1s$)。盆地中未变形的侏罗系西山窑组底界(J_2x)位于地震双程反射时间为 5～6s 位置处,山前地表出露地层与盆地同时代地层之间垂向高程差为 10～12km,地表处未发现明显的北倾大型逆冲断层,背斜底部发育的三条北倾断层,断距小,不足以造成山前地层的巨大抬升量。除此之外,在盆地中也未见明显的褶皱出露地表,说明造成山前中生界抬升是深部构造楔,不是浅层出露的断层[图 4.9(b)]。昌吉背斜下伏发育两个叠加构造楔,构造楔由南倾逆冲断层和北倾反向断层构成,逆冲断层上盘古生界向北楔入到中生界底部,中—新生界被构造楔抬升,沿构造楔顶部反向断层向南逆冲。与喀拉扎(阿克屯)构造楔不同之处,昌吉背斜发育断层 F_4,该条断层切割构造楔。山前断层部分位移量传递到盆地,形成呼图壁滑脱褶皱,侏罗系煤层在背斜核部聚集。呼图壁背斜是滑脱褶皱与简单剪切断层转折褶皱的复合背斜,由于呼图壁背斜规模小,表明山前构造楔吸收大部分位移量,只有少量的位移量传递到盆地。依据二维地震剖面构造模型估算,昌吉背斜底下隐伏构造楔总位移量为 25km,除去构造楔顶部中生界和呼图壁背斜的 9.5km 缩短量,构造楔吸收 25km－9.5km＝15.5km 位移量,与昌吉背斜中生界抬升幅度相一致(图 4.10)。

4.1.3　齐古-吐谷鲁背斜

齐古背斜-吐谷鲁背斜剖面位于安集海-昌吉冲断带中部。齐古背斜东侧是昌吉背斜,西侧是清水河鼻状构造(图 4.1)。齐古背斜是一个向北凸出的弧形构造,背斜东西延伸长为 17km,南北宽为 3km。齐古背斜核部出露侏罗系(图 4.5),两翼是白垩系、古近系、新近系,齐古背斜向西倾伏,西倾伏端出露白垩系、新近系(图 4.11)。齐古背斜南翼白垩系清水河组(K_1q)不整合覆盖侏罗系喀拉扎组(J_3k)(图 4.12),背斜核部出露侏罗系,北翼白垩系清水河组(K_1q)不整合覆盖侏罗系齐古组(J_3q)(图 4.13),古近系紫泥泉组

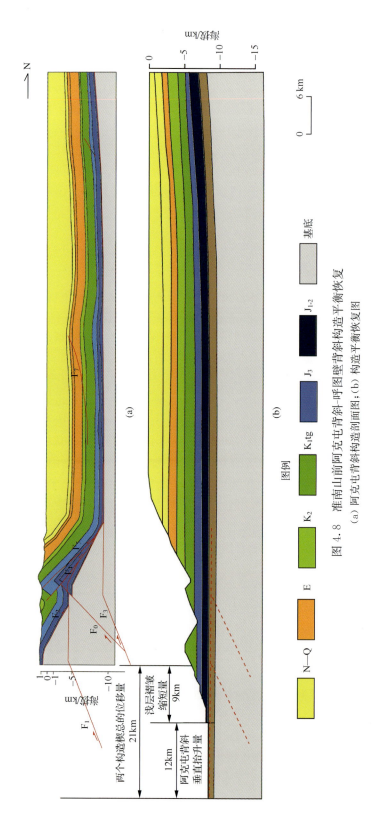

图例

| N—Q | E | K₂ | K₁tg | J₃ | J₁₋₂ | 基底 |

图 4.8　准南山前阿克屯背斜-呼图壁背斜构造平衡恢复

(a) 阿克屯背斜构造剖面图；(b) 构造平衡恢复图

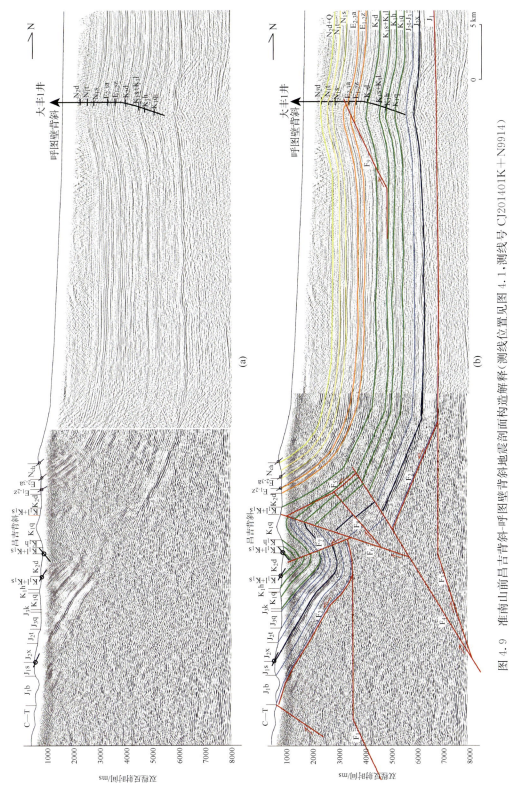

图 4.9　准南山山前昌吉背斜-呼图壁背斜地震剖面构造解释（测线位置见图 4.1，测线号 CJ201401K＋N9914）

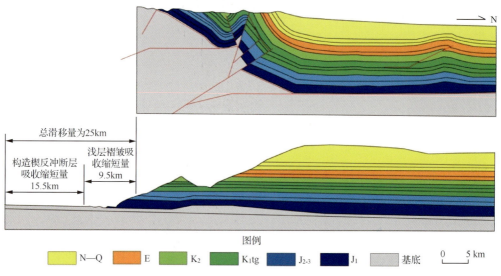

图例

N—Q | E | K₂ | K₁tg | J₂₋₃ | J₁ | 基底

0 5 km

图 4.10 准南山前昌吉背斜-呼图壁背斜构造平衡恢复剖面

图 4.11 齐古背斜西倾伏端白垩系、新近系（位置见图 4.3）

图 4.12 齐古背斜南侧白垩系清水河组（K₁q）不整合覆盖侏罗系喀拉扎组（J₃k）（位置见图 4.3）

($E_{1-2}z$)不整合覆盖白垩系(图 4.14),齐古背斜在新近纪以前可能经历两期变形:侏罗纪晚期—早白垩世、晚白垩世。

图 4.13 齐古背斜南侧白垩系清水河组(K_1q)不整合覆盖侏罗系齐古组(J_3q)
($43°51'6''$,$86°38'9''$,位置见图 4.3)

图 4.14 齐古背斜北侧古近系紫泥泉组(E_1z)不整合覆盖白垩系($43°51'59''$,$86°38'28''$,
位置见图 4.3)

侏罗系西山窑组(J_2x)煤系地层反射标志层易于识别。盆地侏罗系西山窑组(J_2x)煤系地层近于水平,位于地震双程反射时间 6s 位置处,在齐古背斜侏罗系突然抬升,位于地震双程反射时间 2s 位置处,出露于齐古背斜南翼(图 4.15)。齐古山前发育两个构造楔。

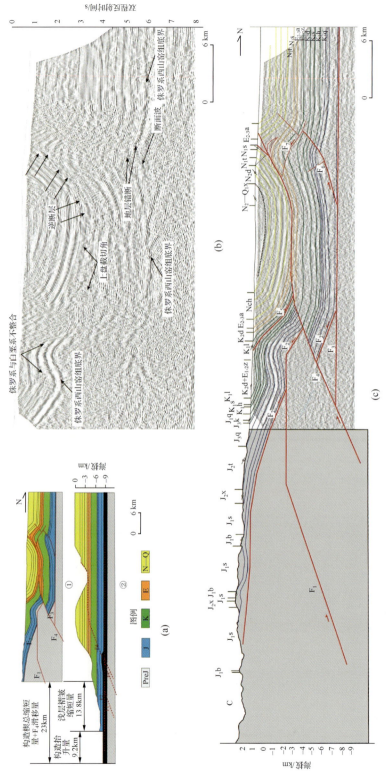

图 4.15　准南山前齐古—吐谷鲁背斜二维地震剖面（测线位置见图 4.1，测线号 NY201102K）

第一个构造楔前端位于地震剖面南端,由逆冲断层 F_1 与反冲断层 F_2 组成,构造楔位移量为 11km,这个构造楔上盘出露 20～30km 宽北倾侏罗系,地层倾角为 $20°$～$30°$,表明反冲断层 F_2 沿侏罗系底部煤层滑移。第二个构造楔位于齐古背斜下伏,由逆冲断层 F_3 与反向断层 F_2 组成,构造楔位移量为 10km。构造楔前端反向断层 F_2 向南逆冲,断层上盘发育齐古背斜。齐古构造楔被断层 F_4(霍-玛-吐断裂)突破,断层切穿侏罗系、白垩系,沿古近系安集海河组泥岩向北逆冲 10km,突破吐谷鲁背斜核部,出露地表(图 4.16、图 4.17)。吐谷鲁背斜在垂向上具有分层性,除了上次由霍-玛-吐断裂控制的断层传播褶皱外,霍-玛-吐下盘构造还可以分成中、下两层:下层构造为滑脱褶皱,滑脱层为侏罗系中下统的煤系地层;中层构造由断层 F_6 和反冲断层 F_7 组成的构造楔控制(图 4.15),造成背斜北翼古近系、新近系倾角变陡,并且垂向上构造抬升增大。向西,齐古背斜南翼地层倾角逐渐减小,至测线 QS9909＋TS9615 处(图 4.18),背斜南翼白垩系、新生代地层倾角为 $0°$。侏罗系与白垩系之间存在明显的构造不整合,背斜北翼缺失侏罗系喀拉扎组(J_3k)。整个山前构造由背斜-向斜对变成台阶状(图 4.15、图 4.18),由此可见齐古背斜向西有逐渐消失的趋势。

图 4.16　吐谷鲁背斜南翼出露霍-玛-吐断裂($44°2'38''$,$86°47'55''$,位置见图 4.3)

图 4.17　吐谷鲁背斜南翼霍-玛-吐断裂形成的断层崖($44°3'16''$,$86°46'16''$,位置见图 4.3)

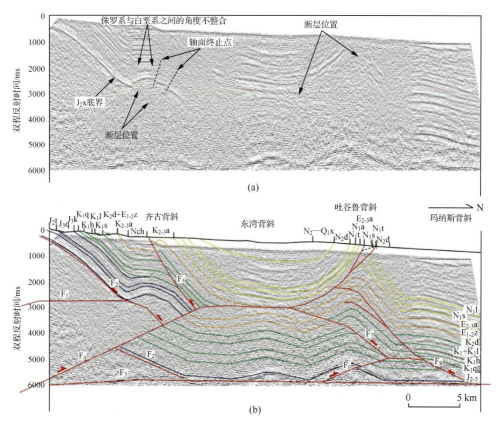

图 4.18 准南山前齐古背斜-吐谷鲁背斜-玛纳斯背斜地震解释剖面（测线位置见图 4.1，
测线号 QS9909＋TS9615）

复原齐古-吐谷鲁剖面中生界变形地层，褶皱吸收的构造缩短量为 13.8km，其中吐谷鲁滑脱褶皱收位移置为 5.4km，吐谷鲁浅表背斜吸收位移量为 2km，山前第二排背斜吸收位移量为 7.4km。13.8km－7.4km＝6.4km 缩短量被构造楔顶部齐古背斜吸收。依据二维地震剖面构造模型估算，山前挤压总滑移量为 23km，除去齐古背斜、吐谷鲁背斜吸收缩短量，构造楔吸收位移量为 23km－13.8km＝9.2km。

4.2　南缘中段山前构造特征分析

准噶尔盆地南缘中段山前发育阿克屯背斜、昌吉背斜、齐古背斜、清水河背斜、南玛纳斯背斜。单个背斜长度为 10～30km，背斜走向频繁发生变化，阿克屯背斜走向为 NW 向、昌吉背斜、齐古背斜 EW 走向、清水河背斜 NE 走向、南玛纳斯背斜 EW 走向，表明这些背斜下伏不止一条断层，而是发育若干条断层。阿克屯背斜位于准噶尔盆地南缘中段东端，大部分位移量都被山前断层和背斜吸收，仅呼图壁背斜、盆地腹部未见变形。依据石油勘探二维地震剖面和钻井资料，结合区域地质图和野外观察结果，介绍准噶尔盆地南缘中段山前构造特征。

4.2.1　阿克屯背斜构造特征

阿克屯背斜位于喀拉扎背斜与昌吉背斜之间,阿克屯背斜有分段性特,背斜东段位于喀拉扎背斜与昌吉河之间,背斜轴向近东西向。背斜西段位于昌吉河与昌吉背斜之间,背斜走向 NW-SE 向,背斜核部出露侏罗系头屯河组(J_2t),为灰色砂岩夹薄层泥岩和煤线,地层产状向南变陡。背斜南侧为一个向斜,向斜的北翼就是阿克屯背斜的南翼,产状高陡,向斜南翼产状较缓,20°～30°,向斜核部出露地层为砖红色的白垩系东沟组(K_2d)砂岩,向斜轴向 280°,与阿克屯背斜轴向呈 25°相交。在背斜的北翼,发育南倾逆冲断层"阿克屯北断裂",造成侏罗系头屯河组(J_2t)直接逆冲于白垩系清水河组(K_1q)之上(图 3.2)。

以过昌 1 井的地震剖面 NS200503 对阿克屯背斜西段进行构造分析(剖面位置见图 3.2),地震剖面浅层地震反射同相轴清晰、特征明显图 4.19(a),侏罗系西山窑组是一套区域标志层,地震反射清晰,可用于区域统层。通过地表地质带帽,结合地震影像和昌吉 1 井资料,追踪侏罗系西山窑组(J_2x)煤系地层,用三角标注侏罗系西山窑组(J_2x)底界。通过清晰地震反射波组,可将侏罗系西山窑组地震分成 a、b、c 三段,每段之间都被断层隔开。昌 1 井的数据显示,阿克屯背斜深部存在逆断层,造成侏罗系头屯河组(J_2t)地层加厚,这条逆断层就是造成侏罗系西山窑组 a 段与 b 段之间错断的阿克屯北断裂,并最终出露在背斜北翼[图 3.2、图 4.19(a)]。

经过上述分析,可以建立阿克屯背斜西段的构造样式。山前向斜南翼倾斜区定义为Ⅰ区,地层倾角为 23°。背斜北翼侏罗系及以上地层分为两个倾斜区:Ⅱ区地层倾角为 42°;Ⅲ区地层倾角为 30°。根据以上倾斜区倾角,依次勾画三个叠加构造楔:上部构造楔由前冲断层 F_1 和反冲断层 F_3 组成,形成向斜南翼的倾斜区Ⅰ区,根据Ⅰ区倾角为 23°,可以得出前冲断层断坡倾角为 20°;第二个构造楔由前冲断层 F_2 和反冲断层 F_3 组成,形成Ⅲ区地层,反冲断层 F_3 位于侏罗系八道湾组(J_1b)底部;第三个构造楔位于前面两个构造楔中间,由前冲断层 F_4 和反冲断层 F_5 组成,反冲断层位于西山窑组(J_2x)内部,形成倾斜区Ⅱ区,通过断层的截切关系,这个构造楔形成时间晚于其上下两个构造楔。在构造楔形成之后,构造楔被后期发育的阿克屯北断裂切断,阿克屯北断裂与断层 F_6 组成小型的"突发构造"[图 4.19(b)]。

4.2.2　齐古-昌吉背斜

1. 昌吉背斜

昌吉背斜位于齐古背斜与阿克屯背斜之间,背斜走向近东西向,长 20km 左右,宽约 3km,为线状背斜。昌吉背斜核部出露白垩系清水河组(K_1q),背斜北翼出露白垩系、古近系、新近系,地层产状高陡,倾角为 50°～80°,北翼的白垩系内部发育有北倾的逆断层,造成白垩系重复出露(图 4.20)。背斜两翼不对称,南翼产状较缓,倾角为 15°～45°。昌吉背斜南侧为一个向斜,向斜核部出露新近系,南翼连续出露古近系、白垩系、侏罗系,地层产状较缓,倾角为 20°～34°。

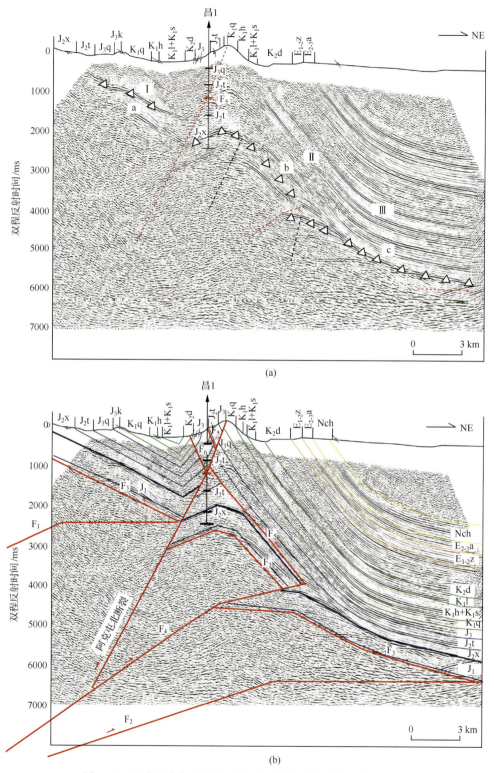

图 4.19 阿克屯背斜地震剖面及构造解释方案(测线 NS200503)

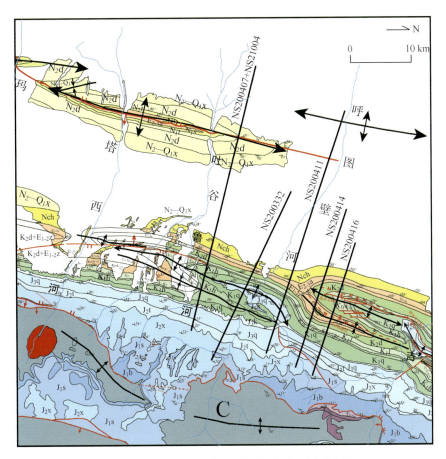

图 4.20　昌吉-齐古地质图(黑线标注地震剖面位置)

以地震影像相对清晰的测线 NS200414 对昌吉背斜进行构造解译(图 4.21,剖面位置见图 4.20)。根据测线的地震反射特征划分①、②、③、④、⑤五个部分：①、②、③为影像清晰区,将地表地层投影到测线上和相邻区域统层,可以确定影像清晰区地层层位;④为基底杂乱反射区;⑤为构造复杂区[图 4.21(a)]。清晰影像区的①和③中的强反射层为侏罗系西山窑组(J_2x)底界,这两套地层之间存在明显的断距,表明在这两者之间存在一条大型逆断裂。在地震影像中识别断层的依据有以下几个方面(Shaw et al.,2005)：断点(fault cutoffs)——断面上反射的终止或是反射属性的突然改变；褶皱翼部或膝折带的终止(terminations of fold limbs or kink bands)；断面波(fault-plane reflections)。依据地震影像分界线和上盘地层终止角[图 4.21(a)],可以确定分割①区和③区地层的南倾的逆冲断层 F_4 的形态,我们将这条断层称为霍-玛-吐断裂。该断层源于天山深部向北逆冲,为多折断层,深部倾角为 28°,向上转为 11°,切入古近系安集海组($E_{2-3}a$)泥岩后断层转,作为顺层滑脱断层向北水平滑脱。断层下盘侏罗系西山窑组煤层反射波组清晰,侏罗系及上覆地层连续,盆地中地层水平,向南地层变北倾。断层 F_4 的断层形态并未受到其下盘构造的改造,表明断层 F_4 形成时间晚于下盘构造的活动时间。山前构造抬升量巨大,但是盆地中褶皱不发育,推断山前构造应该为构造楔。

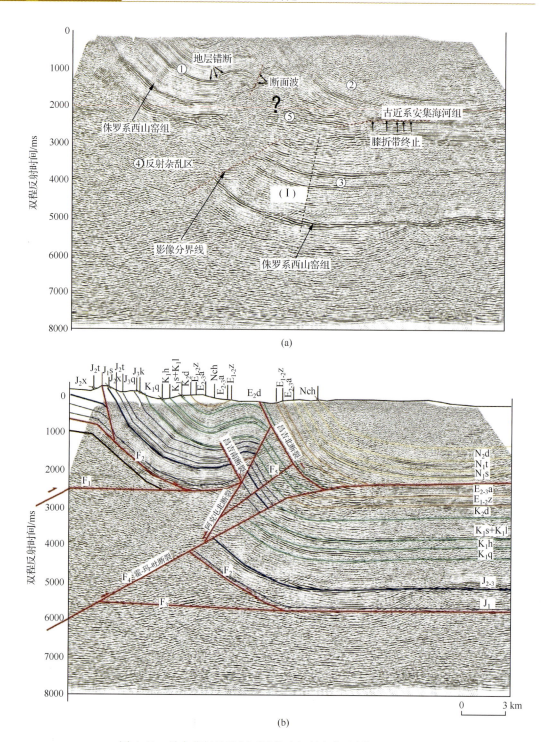

图 4.21　昌吉背斜地震剖面及构造解释方案（测线 NS200414）

　　依据以上分析，建立昌吉背斜的构造样式。根据地表地层层位和地震影像信息，勾画断层上盘昌吉背斜和向斜，以及对盆地深部影像清晰区标层（图 4.21）。根据影像特征，推断山前应该发育叠加的构造楔，上部分构造楔由前冲断层 F_1 和反冲断层 F_2 组成，楔点位于向斜轴面处[图 4.21(b)]，反冲断层位于侏罗系底部，前冲断层为坡-坪型逆断层，由于剖面长度所限，不能确定断坡的位置。深部构造楔由前冲断层 F_3 和反冲断层 F_2 组成，楔点位于分隔深部倾斜区与盆地水平区轴面的底部，前冲断层 F_3 的断坪位于侏罗系底部。根据倾斜区（Ⅰ区）的产状，可以确定前冲断层 F_3 的断坡产状，前冲断层滑移量为 12km。构造楔形成后，断层 F_4（霍-玛-吐断裂）将深部构造楔分为两半，断层下盘部分留在原地，保留原来的变形状态，F_4 上半部分沿断层向北逆冲抬升，并改造。根据昌吉背斜两翼的断面波和地层错断，可以确定昌吉背斜核部两侧分别发育了阿克屯北断裂和昌吉南断裂[图 4.21(b)]。在背斜北翼，高陡倾角区与缓倾角区之间存在一条反冲断层昌吉北断裂，造成白垩系重复[图 4.21(b)]。根据变形过程中地层的厚度、长度守恒的原则，大致推断出⑤构造复杂区的地层层位及产状。主要为侏罗系和白垩系底部地层，倾角较大，地层北倾，可能内部还发育了若干小型断裂。测线 NS200414 东边的测线 NS200416 的构造样式（图 4.22）基本保持不变。

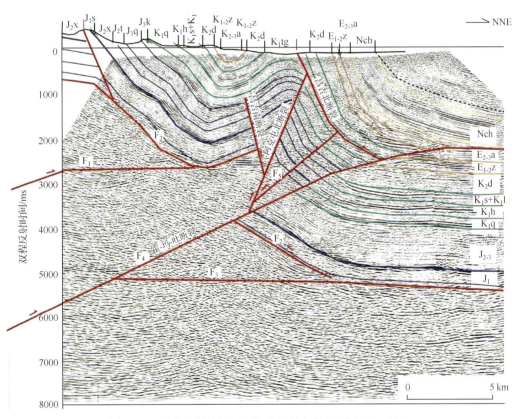

图 4.22　昌吉背斜地震剖面构造解释方案（测线 NS200416）

2. 齐古背斜

齐古背斜位于齐古断褶带中段，清水河鼻状构造与昌吉背斜之间，为一个向北凸出的弧形背斜，西段走向 NWW-SEE 向（280°），东段在呼图壁河以东转成北西向（130°），长

32km,宽 8km(图 4.20)。背斜核部出露侏罗系中统头屯河组(J$_2$t),北翼上侏罗统、白垩系、古近系和新近系连续出露,南翼出露侏罗系、白垩系。背斜两翼地层产状不对称,南缓北陡,北翼地层倾角为 50°～60°,南翼地层倾角为 25°～45°(图 4.23)。齐古背斜核部发育有南倾的正断层,断层的最大断距处达到 107m 左右(图 4.23)。齐古背斜南翼白垩系清水河组(K$_1$q)角度不整合覆盖于侏罗系喀拉扎组(J$_3$k)之上,在背斜北翼侏罗系喀拉扎组(J$_3$k)缺失,白垩系清水河组(K$_1$q)与侏罗系齐古组(J$_3$q)呈平行不整合接触。

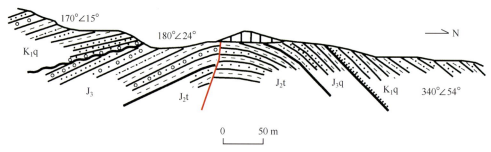

图 4.23　齐古背斜呼图壁河剖面(引自邓启东,2000)

测线 NS200411 位于齐古背斜最东端(位置见图 4.20)。图 4.24(a)显示,地震剖面中山前的西山窑组和盆地中的西山窑组存在明显的地层错断,测线 NS200332(图 4.25)和 NS200407＋NS21004(图 4.26)也有同样的现象,表明在齐古背斜存在分隔这两套地层的南倾逆断层。为了确定这条断层的形态,依据地震剖面确定断层的方法,在未解释的地震剖面中确定断点(fault cutoffs)和膝折带终止(kink band terminations)[图 4.24(a)],将确定的这些点相连接,就是分隔山前和盆地中西山窑组的逆断层。山前构造的抬升量大,地表构造相对简单,盆地中只形成规模相对较小的吐谷鲁背斜,表明山前构造是隐伏的构造楔的产物。

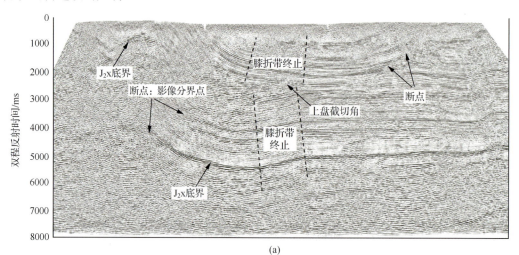

(a)

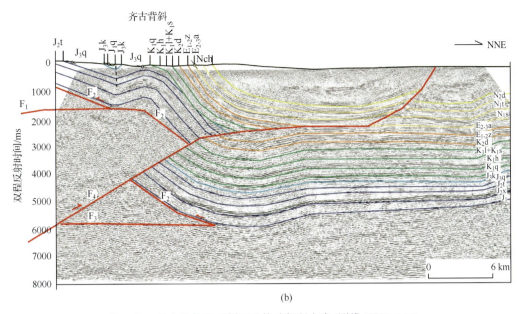

图 4.24　齐古背斜地震剖面及构造解释方案（测线 NS200411）

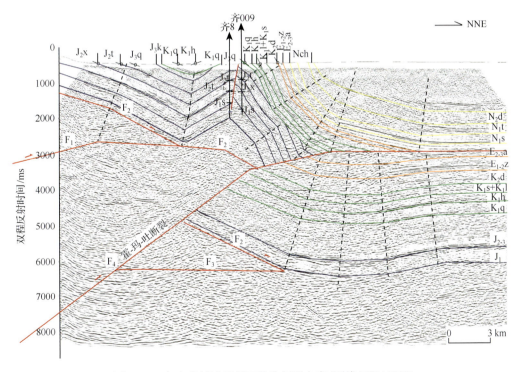

图 4.25　齐古背斜地震剖面构造解释方案（测线 NS200332）

　　依据以上分析,建立齐古背斜及其深部的构造样式。图 4.24(b)显示的是 NS200411 的解释方案,图中显示齐古背斜深部隐伏构造为叠加型基底卷入构造楔,上部构造楔由前冲断层 F_1 和反冲断层 F_2 组成,反冲断层 F_2 位于侏罗系底部,为顺层滑脱断层,这个构造楔形成齐古向斜的南翼。构造楔的楔点位于齐古向斜核部轴面,通过向斜南翼的形态,根据断层转折褶皱理论,可以确定前冲断层 F_1 的形态。深部构造楔由前冲断层 F_3 与反冲断层 F_2 组成,形成 F_2 上盘的褶皱倾斜区。在深部构造楔形成后,在前冲断层的转折端发育突破断层 F_4(霍-玛-吐断裂)。依据前述的断层分析,突破断层 F_4 为多折断层,以倾角 $30°$ 向上切过侏罗系、白垩系后,倾角转为 $7°$ 继续向上切穿古近系,在古近系安集海河组($E_{2-3}a$)转平,转平位置为确定齐古背斜北翼的轴面上,成为顺层滑脱断层,向北滑脱 $6km$ 后,以 $27°$ 的倾角转为断坡,出露于地表。断层倾角大于其上盘地层的倾角,由于安集海河组是一套良好的滑脱层,背斜南翼的轴面并不平分滑脱层,表现出纯剪切性质,为纯剪切型断层转折褶皱。通过地震影像以及地表层位标定,在齐古背斜两翼存在侏罗系与白垩系之间的角度不整合接触(图 4.24~图 4.26)。

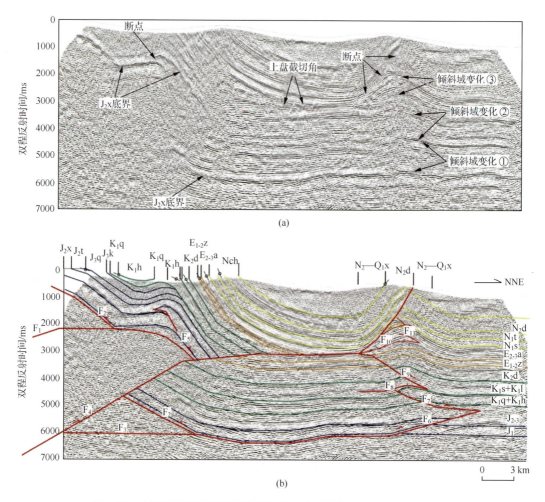

图 4.26 齐古背斜地震剖面及构造解释方案(测线 NS200407＋NS21004)

图 4.25 和图 4.26 分别显示的是测线 NS200332 和 NS200407＋NS21004 的解释方案,显示这两条测线的方案与 NS200411 的解释基本一样,表明齐古背斜的构造样式在走

向上基本保持不变。但是也存在一些差别，首先，从东向西，盆地中的吐谷鲁背斜的深部构造逐渐发育。以测线 NS200407＋NS21004 为例，图 4.26(a)显示，在断层 F_4(霍-玛-吐断裂)的下盘，存在一个背斜构造。这个背斜在垂向上可以大致分成三个不同的倾角域，从下到上每个倾斜域的倾角增大。通过膝折带终止及断点，可以确定深部构造是由三个不同的构造楔组成的，分别是前冲断层 F_6 与反冲断层 F_7、前冲断层 F_8 和反冲断层 F_9、前冲断层 F_{10} 与反冲断层 F_{11} 组成的构造楔[图 4.26(b)]。这些构造楔的垂向堆垛，导致深部背斜地层的抬升，形成多层构造样式。盆地中霍-玛-吐断裂上盘的背斜也逐渐成形。其次，在山前，齐古背斜南翼的倾角逐渐变陡，在背斜的核部变成最陡(图 4.25)，然后向西又逐渐变缓，最终齐古背斜消失，过渡到清水河鼻状构造。

4.2.3 清水河背斜

清水河构造分布在塔西河与玛纳斯河之间，走向 80°，长约 23km，宽 3km，为一鼻状构造(图 4.27)。构造西段核部由西山窑组(J_2x)、头屯河组(J_2t)和齐古组(J_3q)组成，南翼地层倾角为 55°～70°，北翼地层倾角从老到新由 20°增加到 70°。测线 NS200105 穿过清水河鼻状构造、吐谷鲁背斜，位于清水河背斜中段(位置见图 4.27)。地震剖面的箭头指示断层位置[图 4.28(a)]，依据地震剖面断面波信息、钻井断层点、结合地表断层出露位置，勾画断层(F_3)、南倾小断层 F_6 和反向断层 F_4[图 4.28(b)]。断层 F_3(霍-玛-吐断

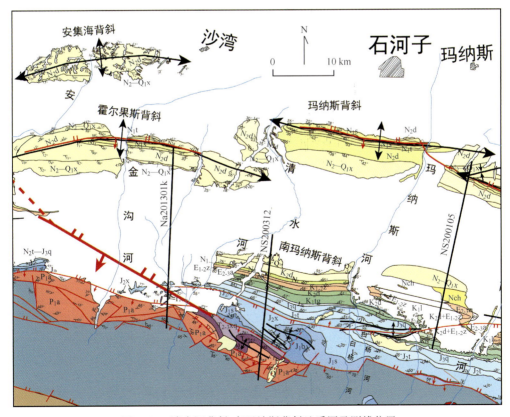

图 4.27　清水河背斜-南玛纳斯背斜地质图及测线位置

层)源于天山深部,向北逆冲,出露于吐谷鲁背斜核部,断层以南倾约 45°向下延伸,断层倾角基本平行于古近系安集海河组($E_{2-3}a$)。在古近系安集海河组内部,地层转平,成为水平滑脱断层。安集海河组由泥岩、粉砂岩组成,是一套区域的滑脱层。滑脱断层向南延伸约 10km,转为南倾断坡,其倾角和位置可以在地震反射中的截点控制,该断坡倾角约为 25°。霍-玛-吐逆断层(F_3)下盘发育两个滑脱褶皱(东湾背斜和吐谷鲁深部背斜),滑脱断层位于侏罗系煤层,煤层上覆侏罗系、白垩系、古近系发生褶皱,形成两翼对称背斜[图 4.28(b)]。由于断层 F_3 位于滑脱褶皱顶部,将滑脱褶皱与上盘向斜分隔开来,表明断层 F_3 未受深部滑脱褶皱的影响,而是将下盘的滑脱褶皱切割。因此,断层 F_3 的活动晚于深层的滑脱褶皱,属于晚期发育的突破断层。

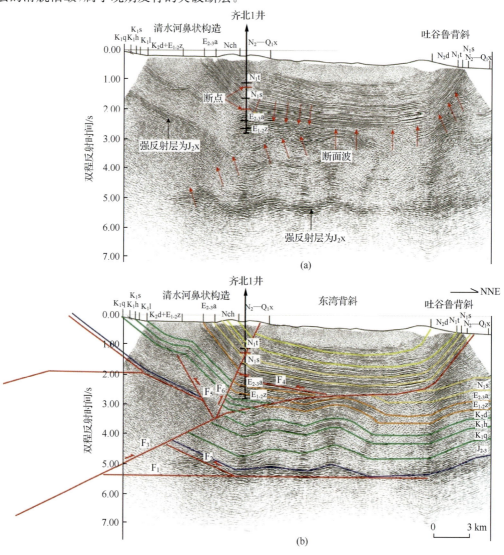

图 4.28 清水河鼻状构造地震剖面及解释方案(测线 NS200105)

在山前,通过地震反射特征可以确定侏罗系中上统内部发育的北倾反冲断层 F_5,断层两侧地层倾角发生突变,断层与断裂 F_3 相连接,向南以 $45°$ 倾角止于白垩系底部,形成白垩系以上地层的揉褶,断层位移量小。断层 F_5 将山前构造分为上、下两部分,上部分是白垩系及以上地层组成的小型揉褶构造,下部为侏罗系组成的单斜构造。单斜由构造楔的发育而形成,深部构造楔由逆断层 F_1 与位于侏罗系西山窑组底部的反冲断层 F_2 组成。深部构造楔发育后,在断层 F_1 的转折端,发生突破构造,形成断层 F_3。通过钻井资料,还可以确定山前发育有北倾断层 F_6 和反冲断层 F_4。断层 F_6 造成新近系沙湾组(N_1s)地层的重复,而反冲断层 F_4 则造成古近系安集海河组($E_{2-3}a$)的构造加厚。山前构造楔部分位移量被南倾反冲断层吸收,还有一部分顺着滑脱层向盆地传播,形成东湾背斜和吐谷鲁深部背斜。

4.3　南缘中段盆地构造特征分析

准噶尔盆地南缘中段盆地构造包括山前第二排的霍-玛-吐褶皱冲断带、第三排的安集海-呼图壁滑脱褶皱带(图 4.29)。霍-玛-吐背斜带是准噶尔南缘的第二排背斜带,自西向东主要由霍尔果斯背斜、玛纳斯背斜和吐谷鲁背斜组成,背斜走向近 EW 向,长约为 150km,宽约为 10km。三个背斜在走向上互为叠置,以玛纳斯背斜为中心,呈向 N 微凸的雁列式排列。霍-玛-吐背斜带主要以古近系—新近系为构造主体,在地表上表现为南翼缓、北翼陡的不对称特征,南翼倾角为 $50°\sim60°$,北翼倾角为 $60°\sim70°$,背斜核部发育高角度逆冲断层,核部地层为古近系安集海河组($E_{2-3}a$),两翼为中新统—更新统沙湾组(N_1s)、塔西河组(N_1t)和独山子组(N_2d)。背斜下伏断层位于古近系安集海河组泥岩中,这条区域滑脱断层之上的新生界与之下的中、新生界表现出截然不同的变形方式。安集海背斜、呼图壁背斜在所发育的纬度上,属于山前第三排背斜带,安集海背斜和呼图壁背斜主体表现为滑脱褶皱。

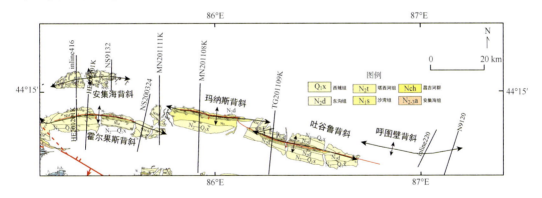

图 4.29　准噶尔盆地南缘中段盆地背带地质图及地震剖面位置

4.3.1　吐谷鲁背斜

吐谷鲁背斜位于霍-玛-吐背斜带东端,长 45km,宽 10km,为线状背斜。吐谷鲁背斜构造样式受三套区域滑脱层的控制:古近系安集海河组($E_{2-3}a$)泥岩、白垩系吐谷鲁群

（K_1tg）泥岩、侏罗系煤层。吐谷鲁地表背斜是一个断层传播褶皱，背斜后翼长、前翼陡，背斜轴面 a、b、c 终止于霍-玛-吐断层（图 4.30）。霍-玛-吐断层出露于吐谷鲁背斜北翼，断层上盘地层产状高陡，近于直立，而南翼倾角从地表的 $60°$，向下过渡到 $40°$、$20°$，最后到 $0°$。

根据吐谷鲁深部背斜核部地震影像垂向上的差异，从上到下，可以将吐谷鲁深部背斜分成（1）、（2）、（3）和（4）四个部分[图 4.30（a）]，其中（1）区由新近系组成，（2）区由白垩系上统和古近系组成，（3）区由侏罗系上统、白垩系、古近系组成，（4）区由白垩系中下统组成。从（1）到（4）变形幅度变缓，存在明显的四个反射倾角域变化，分别是：（1）区与（2）之间的倾斜区变化①，（1）区地层倾角明显大于（2）区地层倾角，而且两者之间的背斜核部地层明显加厚，造成这种现象的原因是在古近系安集海河组内部发育了楔形调节断层，由前冲断层 F_1 和反冲断层 F_2 组成[图 4.30（b）]。（2）区与（3）区之间的倾斜域发生变化，两

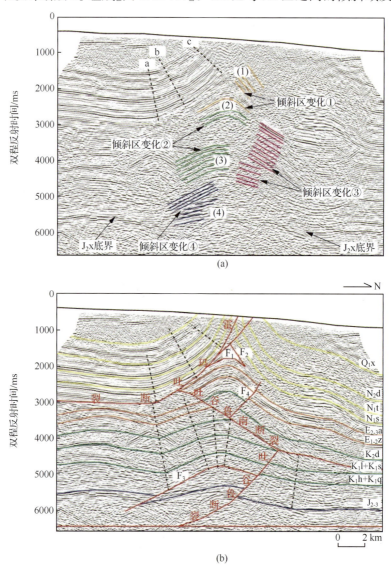

图 4.30 吐谷鲁背斜测线 TG201109K 地震剖面及构造解释剖面

者之间存在断层。依据轴面的终止和断点,确定分隔(2)区和(3)区的吐谷鲁南断裂形态。吐谷鲁南断裂为一条北倾反冲断层,起源于白垩系的连木沁组向上切穿白垩系东沟组和古近系。(3)区与(4)区之间的倾斜域变化④,可以确定一条南倾断层 F_3,存在于侏罗系内部。影像底部的强反射层为侏罗系西山窑组的底界,在背斜(4)区的北翼存在北倾吐谷鲁断裂,作为前冲断层与吐谷鲁南断裂组成构造楔,吸收消耗断层的位移量。在背斜(4)核部,存在地层加厚的现象,且底下存在未变形的水平地层,表明吐谷鲁背斜深部为滑脱褶皱,滑脱层为侏罗系的煤层和泥岩[图 4.30(b)]。另外,在吐谷鲁背斜深部的(2)区,核部地层和北翼地层之间存在小错断,是南倾断层 F_4 所造成,断层 F_4 与吐谷鲁南断层组成"突发构造"[图 4.30(b)]。

　　依据以上分析,建立吐谷鲁背斜的正演剖面(图 4.31):首先深部的滑脱逆冲断层开始活动,在吐谷鲁处向上逆冲,切割 J—K_1q 地层,由于断层前端受阻,在其前端的 K_1q 地层内诱发反向逆冲断层,形成构造三角楔[图 4.31(a)],三角楔前端最终逆冲至 K_1s 底并转入顺层插入,造成三角楔内部(正向逆冲断层上盘)与反向逆冲断层上盘地层的叠加变形[图 4.31(b)]。由于三角楔顶部反向逆冲断层的初始位置下切至 K_1q 反射层,随着三角楔的向上插入,K_1q 反射层被反向逆冲至背斜核部[图 4.31(b)]。

　　随着构造挤压的持续与前方受阻,新的构造三角楔在早期三角楔的后部开始形成,造成多个三角楔的构造叠加变形。由于第二个三角楔的顶部反向逆冲断层初始形态为阶梯

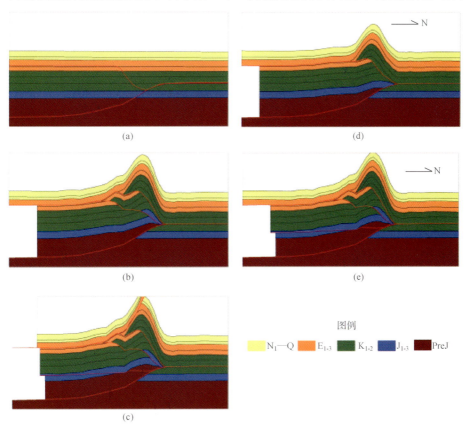

(a)　　　　　　　　　　　　　　(d)

(b)　　　　　　　　　　　　　　(e)

图例

N_1—Q　　E_{1-3}　　K_{1-2}　　J_{1-3}　　PreJ

(c)

图 4.31　吐谷鲁背斜构造几何正演模拟

状,其逆冲过程造成上盘地层出现次级褶皱变形[图 4.31(c)、图 4.31(d)]。最后,至地表的逆冲推覆断层在沿 $E_{2-3}a$ 底滑脱过程中顺势沿背斜的后翼逆冲至地表,形成现今多期次的构造几何叠加形态[图 4.31(e)]。

根据以上地震资料的构造解释和正演模拟表明,吐谷鲁背斜的构造样式受古近系安集海河组、白垩系吐谷鲁群的泥岩和侏罗系煤系地层控制。吐谷鲁浅表背斜因发育于古近系安集海河组泥岩中的霍-玛-吐断裂而成,霍-玛-吐断裂在吐谷鲁背斜核部突破出地表,形成南翼缓、北翼陡的断层传播褶皱,褶皱近东西向排列。图 4.32 显示的是吐谷鲁背斜安集海河组底界的构造图,图中霍-玛-吐断层上盘为单斜构造,霍-玛-吐断层下盘为近东西向展布的背斜,背斜核部地层较缓,两翼地层高陡。背斜形成一个长 15km,宽 2km的圈闭。这个背斜受到发育于吐谷鲁群的吐谷鲁南断层的控制。吐谷鲁深部背斜主体为滑脱褶皱,滑脱层为侏罗系底部的煤层,在深部背斜核部还发育了由吐谷鲁北断裂和吐谷鲁南断裂组成的构造楔,以及一些次级突发断裂。图 4.33 显示的是吐谷鲁背斜齐古组顶界构造图,反映的是吐谷鲁的深部构造特征,在这个深度,吐谷鲁背斜近东西向展布,长24km、宽 4km,两翼基本对称,表现出滑脱褶皱的特征。

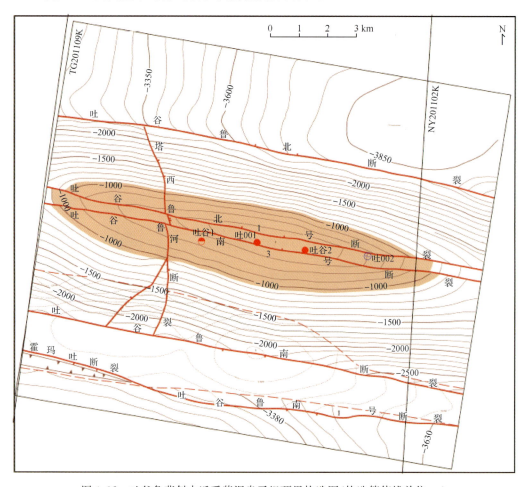

图 4.32　吐谷鲁背斜古近系紫泥泉子组顶界构造图(构造等值线单位:m)

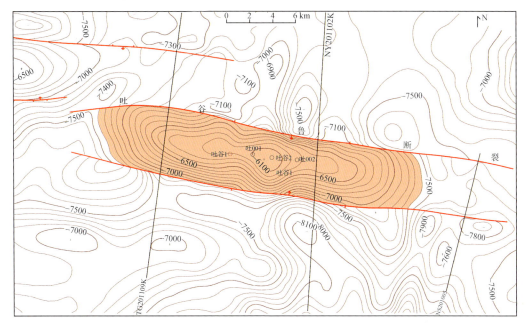

图 4.33　吐谷鲁背斜侏罗系齐古组顶界构造图(构造等值线单位:m)

4.3.2　玛纳斯背斜

选取穿过玛纳斯背斜中段、地震反射品质相对较好的 MN201108K 地震部面进行构造几何分析(图 4.30)。

玛纳斯背斜分为浅表背斜和深部背斜,两者的分界面为霍-玛-吐断裂(图 4.34)。玛纳斯浅表背斜为断层传播褶皱,南翼倾角较缓,约为 $55°\sim65°$,背斜北翼地层高陡甚至倒转。霍-玛-吐断层位于古近系安集海河泥岩中,断坡倾角基本平行于其上盘地层的倾角,在浅表,断层分叉成两条,突破出地表。霍-玛-吐断层下盘为玛纳斯深部背斜。根据垂向上反射层倾角域的差异,可将玛纳斯背斜深部分为两个构造三角楔及其派生断裂体系的组合(图 4.34)。

(1)地震剖面底部大约 6s 位置的强反射层为 J_2x 的底界,反射层在背斜前翼出现明显的错断以及断坡反射波组[图 4.34(a)],根据 J_2x 反射层的变形推断,逆冲断层的上滑脱面转入 K_1h 底反射层滑脱。下滑脱面的位置可由 J_2x 反射层后翼的向斜轴面进行推断[图 4.34(a)]。

(2)背斜核部垂向上存在明显的不同倾角区,两个倾角区之间存在明显的地层错断,而且断面北倾,断层切穿白垩系、古近系,可以通过两个倾角区之间的错断位置,确定断面的形态。通过区域统层,该断面上盘背斜的北翼存在两条小位移量的南倾高陡逆断层。

(3)背斜南翼侏罗系西山窑组底界和上部的古近系安集海河组底界都呈现明显的地层错断,断层倾角北倾。

(4)西山窑组煤层的反射界面在玛纳斯背斜的两侧呈明显的台阶状下降,落差约为 500ms,说明现今的霍-玛-吐背斜带位置可能位于中生代断陷盆地的边缘。

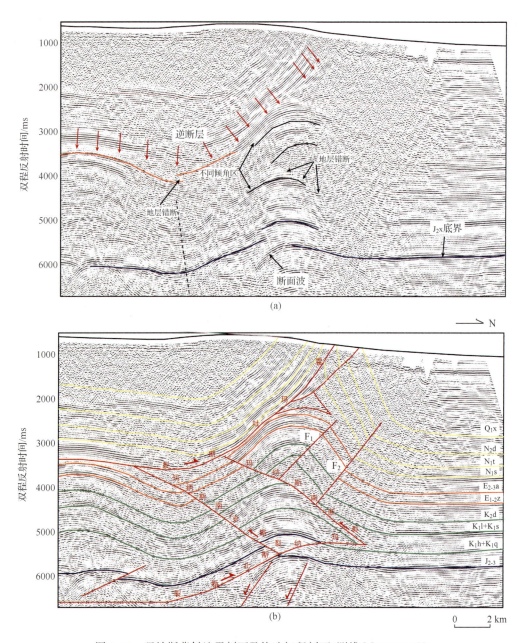

图 4.34 玛纳斯背斜地震剖面及构造解释剖面(测线 MN201108K)

由此看来,玛纳斯深部背斜构造几何形态主要受深部构造三角楔的控制,三角楔的底部正向逆冲断层玛纳斯北断裂源自沿 J_1b 底煤层的滑脱(下断坪)-逆冲(断坡)-滑脱(上断坪)推覆过程,上断坪位于 K_1h 底反射层内;反向逆冲断层玛纳斯南断裂起源于正向逆冲断层的上断坪的滑脱受阻过程,向上反向逆冲切穿白垩系、古近系,并逐渐减小切割地层的角度。在玛纳斯南断裂上还发育了两条北倾,与其基本共轭的断层,形成突发构造。除此之外,在背斜的南翼发育了玛纳斯南 1 号断裂,与玛纳斯北断裂组成另一个构造楔。

从模拟的构造几何演化剖面看出(图 4.35),首先深部的滑脱逆冲断层开始活动,在玛纳斯处向上逆冲,切割 J—K_1q,由于断层前端受阻,在其前端的 K_1q 地层内诱发反向逆冲断层,形成构造三角楔[图 4.35(a)],三角楔前端最终逆冲至 K_1s 底并转入顺层插入,造成三角楔内部(正向逆冲断层上盘)与反向逆冲断层上盘地层的叠加变形[图 4.35(b)]。由于三角楔顶部反向逆冲断层的初始位置下切至 K_1q 反射层,随着三角楔的向上插入,K_1q 反射层被反向逆冲至背斜核部[图 4.35(b)]。

随着构造挤压的持续与前方受阻,新的构造三角楔在早期三角楔的后方开始形成,造成多个三角楔的构造叠加变形。由于第二个三角楔的顶部反向逆冲断层初始形态为阶梯状,其逆冲过程造成上盘地层出现次级褶皱变形[图 4.35(c)、图 4.35(d)]。

最后,至地表的逆冲推覆断层在沿 $E_{2-3}a$ 底滑脱过程中顺势沿背斜的后翼逆冲至地表,形成现今多期次的构造几何叠加形态[图 4.35(e)]。

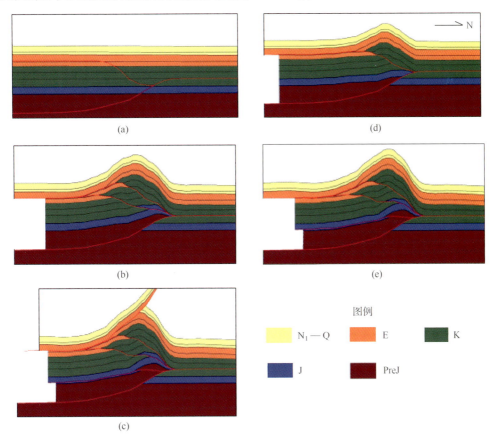

图 4.35　玛纳斯背斜构造正演模型

玛纳斯深部背斜被构造楔分成了上、下两层,上层为玛纳斯南断裂上盘部分,由白垩系、古近系和新近系组成,背斜轴向近东西向(图 4.36)。下层构造为玛纳斯南断裂下盘与玛纳斯北断裂上盘之间部分,为断层转折褶皱。褶皱主要受玛纳斯北断裂控制,背斜轴向近东西向,长约 36km,宽约 6km,为长轴背斜(图 4.37)。向西,玛纳斯背斜逐渐倾没,背斜的幅度降低,背斜南边出现霍尔果斯背斜的东倾伏端(图 4.38)。

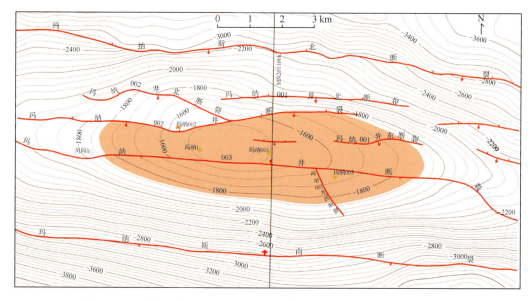

图 4.36　玛纳斯背斜古近系紫泥泉子组顶界构造图(构造等值线单位:m)

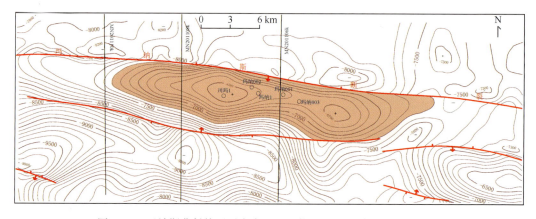

图 4.37　玛纳斯背斜侏罗系齐古组顶界构造图(构造等值线单位:m)

4.3.3　霍尔果斯背斜

　　霍尔果斯背斜位于准噶尔南缘第二排背斜带西段,背斜东端与玛纳斯背斜相邻,西端与南安集海背斜相望。背斜核部出露始新统—渐新统安集海河组($E_{2-3}a$),翼部出露渐新统—中新统沙湾组(E_3—N_1)、中新统塔西河组(N_1t)、上新统独山子组(N_2d)、更新统西域组(Q_1x)。背斜核部发育逆冲断裂。根据地震剖面层位标定,可以看出霍尔果斯背斜与其东边的玛纳斯背斜、吐谷鲁背斜具有类似的构造特征,背斜均可分为浅表背斜和深部背斜两部分。浅表背斜为霍-玛-吐断裂的上盘部分,为一个断层传播褶皱。根据垂向上反射层倾角域的差异,霍尔果斯背斜深部可划分为两个构造三角楔,以及三角楔顶部反向逆冲断层诱发的"突发构造"(图 4.39)。

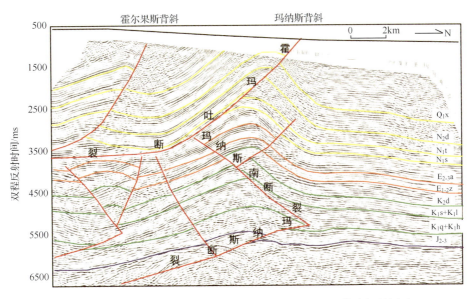

图 4.38　玛纳斯背斜-霍尔果斯背斜测线 MN201111K 构造解释剖面

（1）断层断坡出现明显的强断面反射波组；J_2x、K_1q 反射层前翼出现与前方对应反射层的三角形收敛状几何形态，暗示逆冲断层的上断坪位置，背斜后翼的轴面向下终止处表示下断坪的深部。

（2）背斜上部的 K_1—E 反射层与深部的 K_1q、J_2x 反射层分属两个不同的构造倾角域，表明两套反射层之间存在逆冲断层；K_1 反射层内出现强反射层的左端终止现象，表明被断层切割。该逆冲断层向下的延伸可由背斜北翼的 K_1—E 反射层的倾角域确定，交汇于 K_1s 底反射层内。

（3）因此霍尔果斯背斜与构造三角楔几何变形模型非常接近：底部的正向逆冲断层由 J_1b 底煤层滑脱（下断坪），然后出现逆冲（断坡），再转入 K_1s 底反射层滑脱（上断坪），并在三角楔内部形成断坡背斜；因前移受阻而派生的反向逆冲断层从 K_1q 底反射层开始向上逆冲，导致上盘 K_1—E 反射层在深部断坡背斜基础上的叠加几何变形。构造三角楔前端末梢位置为背斜前翼向型轴面的向下终止点一致。

（4）底部正向逆冲断层在背斜南翼出现 J_2x 的错断，断层呈北倾并与底部的正向逆冲主断层相交，构成一突发构造；背斜北翼的 K_1—E 反射层与前方平缓区域的对应反射波组的连接出现明显的错断现象，推断霍尔果斯背斜北翼存在南倾的逆冲断层，构造三角楔顶部反向逆冲断层诱发"突发构造"。

根据前面的几何分析，地震剖面上可划分出三个构造三角楔（对应三个不同的构造倾角域），在此通过前列式对每个断层依次进行几何模拟。从模拟的构造几何演化剖面看出（图 4.40），首先深部的滑脱逆冲断层开始活动，在霍尔果斯处向上逆冲，切割 J—K_1q 地层，由于断层前端受阻，在其前端的 K_1q 地层内诱发反向逆冲断层，形成构造三角楔[图 4.40(a)]，三角楔前端最终逆冲至 K_1s 底并转入顺层插入，造成三角楔内部（正向逆冲断层上盘）与反向逆冲断层上盘地层的叠加变形[图 4.40(b)]。由于三角楔顶部反向逆冲

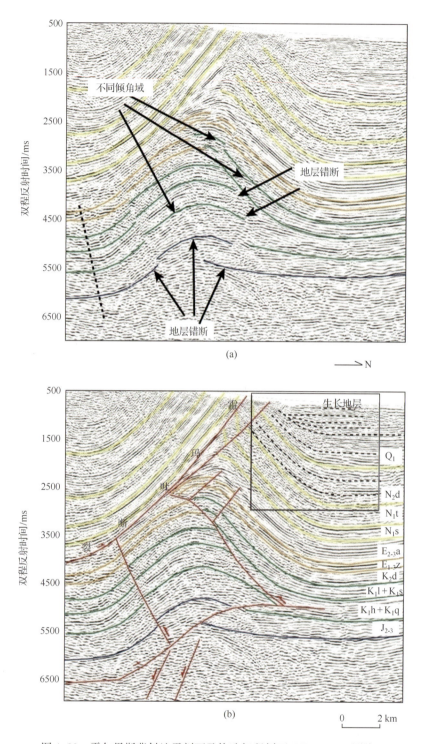

图 4.39　霍尔果斯背斜地震剖面及构造解释剖面(HE20110K 测线)

断层的初始位置下切至 K_1q 反射层,随着三角楔的向上插入,K_1q 反射层被反向逆冲至背斜核部[图 4.40(b)]。

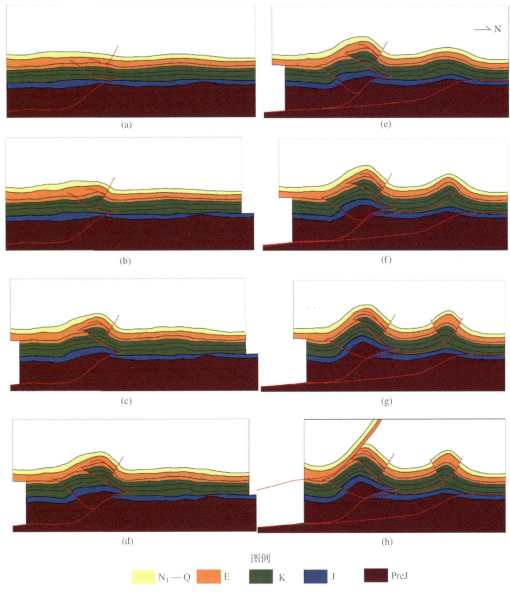

图 4.40　霍尔果斯背斜的构造正演模型

　　随着构造挤压的持续与前方受阻,新的构造三角楔在早期三角楔的后方开始形成,造成多个三角楔的构造叠加变形。由于第二个三角楔的顶部反向逆冲断层初始形态为阶梯状,其逆冲过程造成上盘地层出现次级褶皱变形[图 4.40(c)、图 4.40(d)]。至地表的逆冲推覆断层在沿 $E_{2-3}a$ 底滑脱过程中顺势沿背斜的后翼逆冲至地表,形成现今多期次的构造几何叠加形态[图 4.40(e)]。霍尔果斯背斜的构造相对稳定,测线 HE201201K(图 4.41)、NS200324(图 4.42)具有与测线 HE201101K 类似的构造特征。

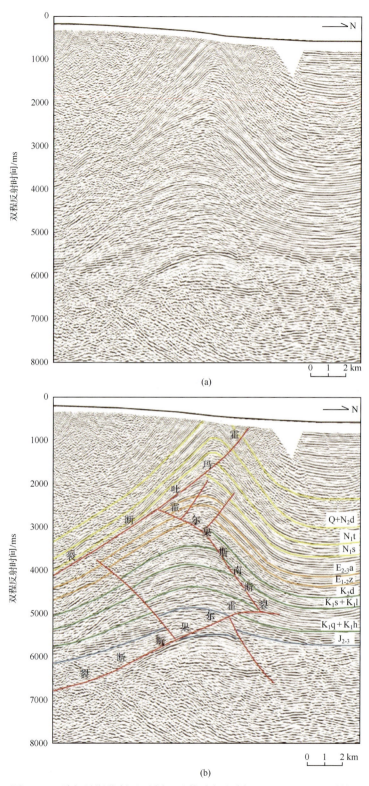

图 4.41　霍尔果斯背斜地震剖面及构造解释剖面(HE201201K 测线)

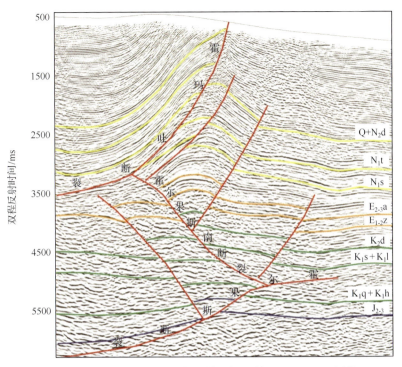

图 4.42　霍尔果斯背斜地震剖面构造解释剖面（NS200324 测线）

4.3.4　呼图壁背斜

呼图壁背斜属于准南山前的第三排背斜,形成时间为晚第四纪,在地表还没有明显的显示。测线 Inline220 位于呼图壁背斜中部,从地震剖面特征[图 4.43(a)]可以发现呼图壁背斜两翼基本对称,在背斜核部发生塑性地层的聚集,使得核部变厚,而塑性层之上的能干性岩层厚度保持不变,在塑性层之下存在近水平的滑脱断面,表明呼图壁背斜为一个滑脱褶皱,其滑脱层为侏罗系煤系地层。在呼图壁背斜核部还发育许多小型的南倾和北倾小型逆断层,断层的位移量很小,错断侏罗系中、上统及白垩系下统。在背斜的南翼,从地震剖面上可以清晰地看到一条逆断层,沿白垩系吐谷鲁群泥岩滑脱,并向北逆冲,断开古近系、新近系,形成中、上组合呼图壁背斜,这条断层存在于整个呼图壁背斜(图 4.44),称之为呼图壁断裂,断面上陡下缓,断层倾角小于地层倾角,具有简单剪切的特征(李本亮等,2010)。

根据地震资料的解释表明,呼图壁背斜主体属于滑脱褶皱成因,但是在其南翼增加了剪切褶皱变形,据此呼图壁背斜可以分成深、浅两个组合。呼图壁背斜浅层(中、上组合)白垩系、古近系、新近系在呼图壁断裂作用下,形成一个东西向延伸长达 28km 的长轴背斜,背斜轴部被呼图壁断裂切割,在呼图壁断裂上、下盘分别形成断鼻及断背斜圈闭。平面上背斜轴向呈 NWW-SEE 向展布,构造轴向与主断层走向一致,整体呈南北两翼较对称背斜形态(图 4.45)。呼图壁背斜深层(下组合)构造为呼图壁断裂下盘构造,呈近东西向展布,呼图壁背斜与呼西背斜连为一体,整体呈中部向北凸出弧形展布的长轴背斜,背斜轴部从呼西 1 井至呼 2 井存在多个局部高点,背斜南北两翼较对称(图 4.46)。呼图壁

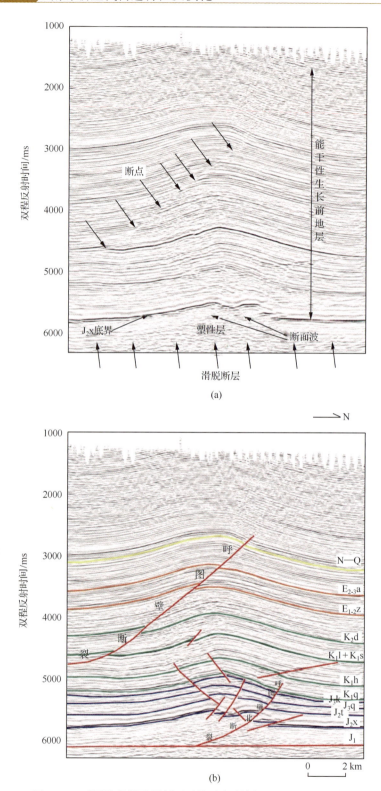

图 4.43 呼图壁背斜地震剖面及构造解释剖面(Inline220 测线)

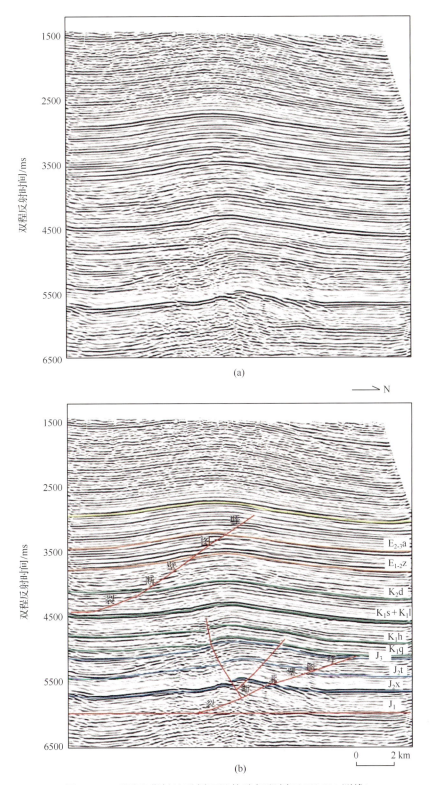

图 4.44　呼图壁背斜地震剖面及构造解释剖面（N9120 测线）

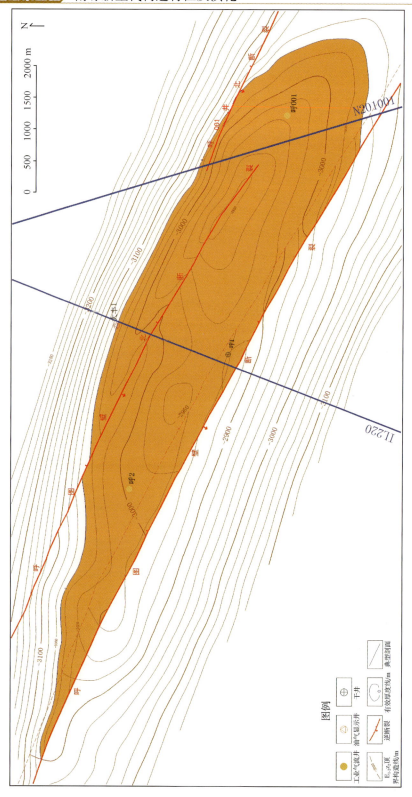

图 4.45　南缘冲断带呼图壁背斜古近系紫泥泉子组顶界构造图

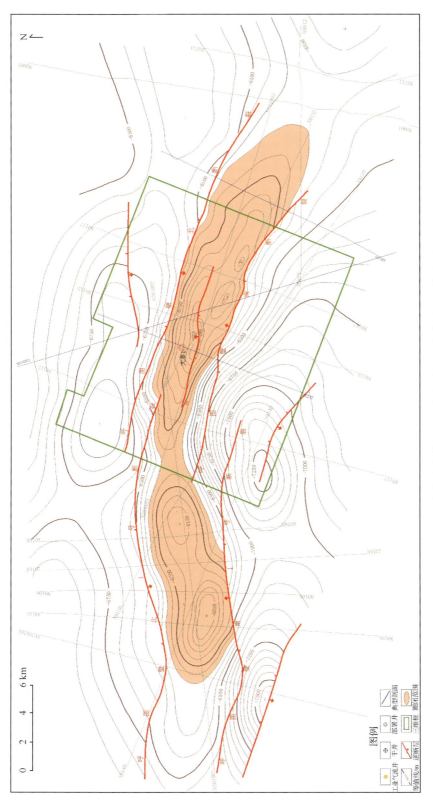

图 4.46　南缘冲断带呼图壁背斜侏罗系齐古组顶界构造图

背斜下组合主要圈闭层位为白垩系胜金口组、清水河组，侏罗系喀拉扎组、齐古组，从二、三维联合落实的下组合侏罗系喀拉扎组圈闭看，其背斜长轴长约 40km，南北向短轴宽约为 2km～5km，圈闭面积为 160km²、闭合度为 330m、高点埋深为 6570m；从二维落实的下组合侏罗系喀拉扎组圈闭看，其圈闭形态及高点位置与二、三维联合落实的较为一致，圈闭面积为 200km²、闭合度为 325m、高点埋深为 6725m。其他各层圈闭也都具有一致性。

4.3.5 安集海背斜

安集海背斜位于独山子背斜东侧，地表背斜由下更新统西域组（Q_1x）和上新统独山子组（N_2d）组成，背斜形态宽缓，顶部覆盖有第四系沉积，背斜两翼近于对称，倾角为 6°～10°，地层厚度由两翼向核部逐渐减薄，呈扇状，为生长断层。以下通过地震数据来解释安集海背斜的构造形态。

测线 Inline416 过安集海背斜中部，地震剖面影像清晰，通过钻井资料以及区域统层，确定剖面的地层层位[图 4.47(a)]。在层位确定后，根据主要地层的错断，先确定北倾高陡的安集海南断裂、南倾的断裂 F₃ 和安集海北断裂的上半部分，以及深部根据断面波和断点确定的南倾安集海断裂和北倾断层 F₂[图 4.47(b)]。然后依据倾斜域的变化和断点确定整个安集海背斜的构造格架：依据背斜核部的 $K_1s＋K_1l$ 的底界与 $K_1q＋K_1h$ 的底界之间的倾斜域变化①和断点 a 确定安集海北断裂的下半部分，安集海北断裂的下半部分顺着白垩系呼图壁河组（K_1h）的泥岩层滑脱；在背斜的北翼，$K_1s＋K_1l$ 的底界与 $K_1q＋K_1h$ 的底界之间存在倾斜域变化②，上部地层倾角比下部地层倾角大，两套倾斜域之间存

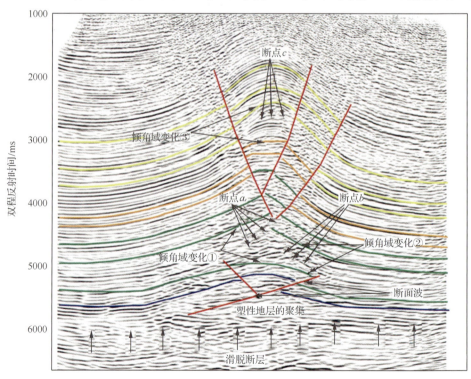

(a)

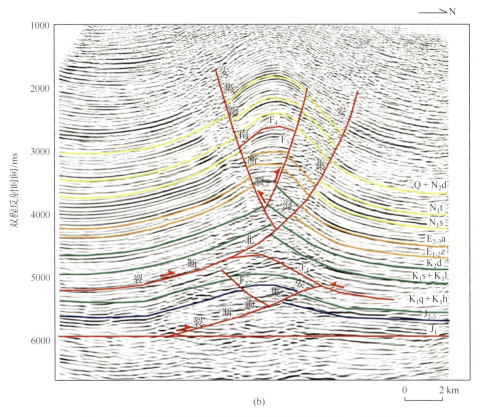

图 4.47　安集海背斜地震剖面及构造解释剖面(Inline416 测线)

在明显的断点 b,依据断点的位置和上盘倾斜域的倾角确定北倾反冲断层 F_1 的形态,F_1 位于白垩系呼图壁河组(K_1h)的泥岩滑脱层中,与安集海断裂组成构造楔;在背斜核部的古近系安集海河组内部存在倾斜域变化③,表明在背斜核部的安集海河内部存在南倾调节小断层 F_4,依据断点 c,确定断层 F_4 的形态。在安集海背斜核部,侏罗系西山窑组(J_2x)的底部地层加厚,由于侏罗系底部由煤层和泥岩组成,加厚现象形成的原因为塑性地层的聚集,在滑脱层的底部,地层保持水平不变形,滑脱层上部的强能干性地层厚度保持不变,表明安集海背斜为滑脱褶皱。安集海背斜的构造样式稳定(图 4.48),向东背斜幅度减小,核部地层变宽缓(图 4.49)。

根据上面的分析,安集海背斜整体为一个滑脱褶皱,滑脱层为侏罗系底部的煤层和泥岩,但是由于其他断层的发育导致安集海背斜具有分层性。安集海背斜的上组合由白垩系上统、古近系、新近系和第四系组成,受相交的北倾安集海南断裂和南倾的安集海北断裂控制,两个断层组成"突发构造"。安集海背斜的上组合背斜走向为东西向,长约为16km,宽约为5km,背斜两翼基本对称(图 4.50)。安集海背斜的下组合由白垩系下统、侏罗系组成,受深部滑脱断层和安集海断裂与反冲断层 F_1 所组成的构造楔控制。深部背斜走向近东西向,略微向北凸出。背斜长约为 40km,宽约为 8km,长轴背斜,背斜两翼基本对称,在背斜中间由安集海背斜和断层 F_2 所夹持的部分为安集海背斜深部圈闭,长约为 24km,宽约为 1.5km,走向近东西向(图 4.51)。

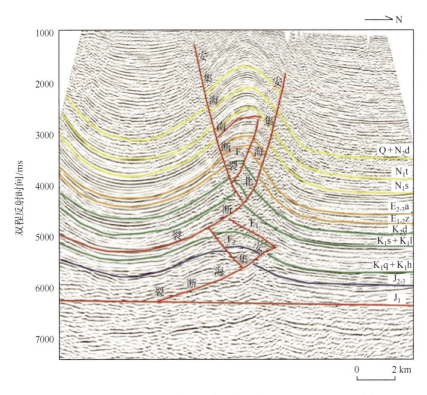

图 4.48　安集海背斜地震剖面及构造解释剖面（AN201202K 测线）

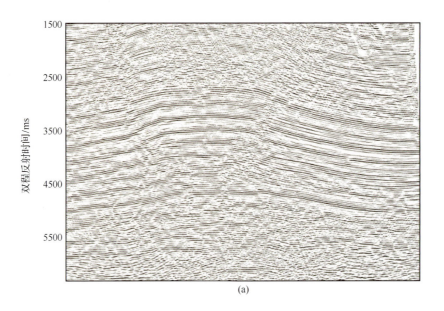

(a)

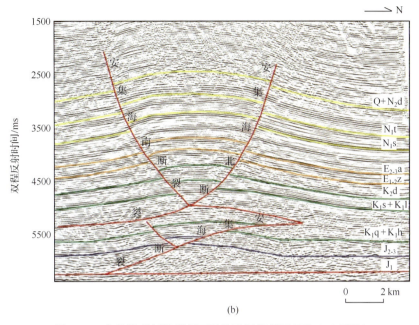

(b)

图 4.49　安集海背斜地震剖面及构造解释剖面(NS9132 测线)

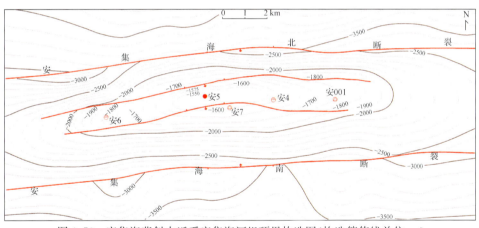

图 4.50　安集海背斜古近系安集海河组顶界构造图(构造等值线单位:m)

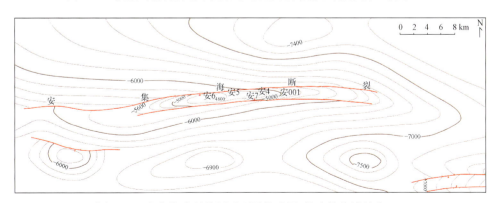

图 4.51　安集海背斜侏罗系顶界构造图(构造等值线单位:m)

准噶尔盆地南缘西段构造特征分析 第 5 章

　　准噶尔盆地南缘西段位于车排子凸起、四棵树凹陷、沙湾凹陷交汇部位。南北向延伸的车排子凸起分隔两个凹陷，车排子凸起西侧是四棵树凹陷，二者的界线为艾卡断裂，车排子凸起东侧是沙湾凹陷，与沙湾凹陷的界线为红车断裂（图 5.1）。准南西端山前发育托斯台背斜、南安集海背斜，四棵树凹陷发育高泉背斜、独山子背斜、独南背斜、卡因迪克背斜、西湖背斜和卡东背斜，沙湾凹陷发育霍尔果斯背斜、安集海背斜。山前的托斯台背斜、南安集海背斜属于基底卷入型构造（Mount et al.，2011）。四棵树凹陷独山子背斜、西湖背斜、卡东背斜、卡因迪克背斜位于艾卡断裂西侧，NW-SE 向雁列式排列，属于走滑断层侧翼发育的褶皱。高泉背斜是滑脱褶皱，背斜核部聚集巨厚新近系塔西河组（N_1t）膏泥岩。沙湾凹陷霍尔果斯背斜、安集海背斜 EW 走向，属于山前盆地发育的挤压褶皱。

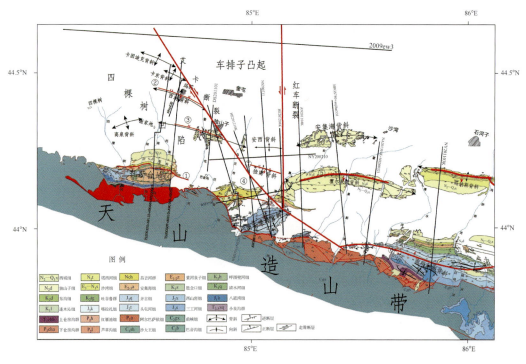

图 5.1　准噶尔盆地南缘西段构造图及测线分布图

5.1　山前构造特征分析

5.1.1　南玛纳斯背斜构造分析

南玛纳斯地区位于北天山山前,山前构造由成对出现的背斜-向斜,逐渐过渡为单个背斜构造-南玛纳斯背斜(图 5.1)。南玛纳斯背斜在平面上是一个沿着玛纳斯河、向北凸出的半圆弧型背斜(图 5.1),规模小,向西过渡为单斜构造,背斜南北轴向长约为 10km,东西轴向长约为 6km。背斜核部出露侏罗系八道湾组(J_1b)(图 5.2,位置见图 5.3),组成背斜的地层主要为侏罗系中下统,背斜北翼的侏罗系上统、白垩系和新近系呈近 EW 向单斜构造,地层倾角高陡,倾角为 $50°\sim70°$。侏罗系中统的西山窑组(J_2x)为一套巨厚的煤系地层,其内部发育一系列的断层相关褶皱,如小型断层传播褶皱(图 5.4)。

图 5.2　南玛纳斯背斜核部($43°52'53''$,$85°50'15''$,位置见图 5.3)

与南玛纳斯背斜相对应的盆地构造为玛纳斯背斜,为线状背斜,背斜具有南翼缓北翼陡的特征,背斜北翼地层靠近核部产状近直立甚至倒转。玛纳斯背斜核部出露古近纪安集海河组($E_{2-3}a$)灰绿色泥岩(图 5.5),两翼为新近系沙湾组(N_1s)、塔西河组(N_1t)和独山子组(N_2d)及第四系西域组(Q_1x)。背斜核部出露逆断层,这条断层现今仍在活动,形成两级阶地(图 5.6)。

地震剖面 NY201301K 近垂直穿过南玛纳斯背斜和玛纳斯背斜(图 5.7),剖面显示南玛纳斯背斜深部构造样式早期发育一个典型的断层转折褶皱,后期被山前逆冲断裂和霍-玛-吐断裂改造,霍-玛-吐断层将中生代地层抬升到地表,断裂前端切入古近系后顺层滑动。山前构造并没有完全吸收断层的滑移量,还有一部分滑移量向盆地传播,在盆地中形成东湾背斜和玛纳斯背斜深部构造,玛纳斯深部背斜在垂向上分成两侧,深层为滑脱褶皱,滑脱层为侏罗系中下统煤系地层。深部侏罗系滑脱面之上发育小型构造楔构造,反向

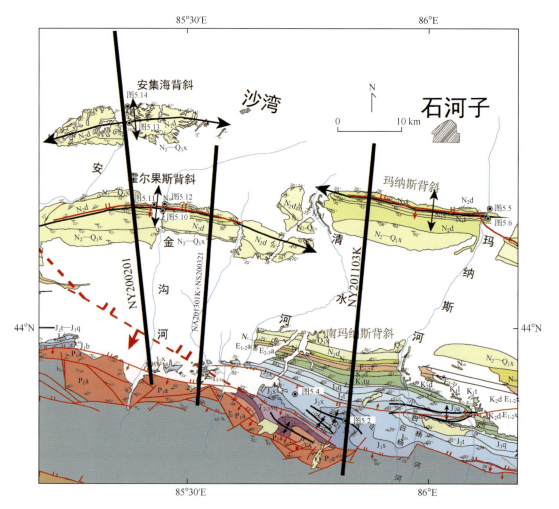

图5.3 准南南玛纳斯-玛纳斯-霍尔果斯照片位置图及测线位置图

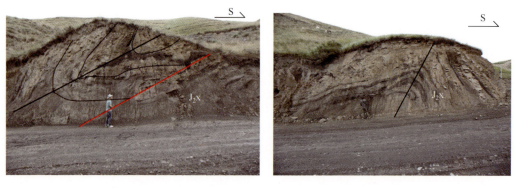

图5.4 南玛纳斯背斜侏罗系西山窑组小型褶皱(位置见图5.3)

断层北倾逆冲与霍-玛-吐断层相交。霍-玛-吐断层在玛纳斯背斜核部突破出地表,形成玛纳斯背斜的浅层构造(图5.7),为剪切型断层传播褶皱。

图 5.5　玛纳斯背斜北翼霍-玛-吐断裂出露地表,断层切割阶地,形成断层崖
(44°11′28″,86°6′53″,位置见图 5.3)

图 5.6　玛纳斯背斜东倾伏端,背斜核部出露古近系,两翼是新近系,背斜向东倾伏
(44°10′46″,86°6′46″,位置见图 5.3)

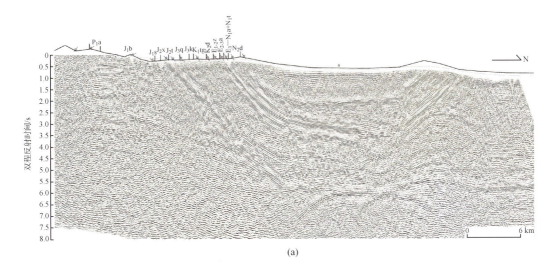

(a)

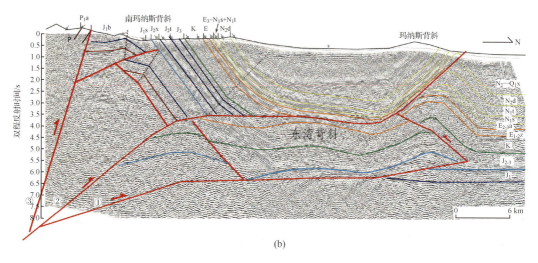

(b)

图 5.7　准南南玛纳斯-玛纳斯二维地震剖面(测线位置见图 5.3,测线 NY201103K)
①-南玛纳斯深部断裂;②-霍-玛-吐逆冲断裂;③-山前逆冲断裂

从 NA201301K+NS200321 地震剖面可以看出(图 5.8),该剖面主要存在两套滑脱层,即古近系安集海河组($E_{2-3}a$)及侏罗系(J)的煤系地层;沿着两个滑脱层上分别存在两条大断裂,即霍-玛-吐断裂和南玛纳斯深部断裂。剖面南部靠近北天山一侧,存在一个由深部向浅部倾角逐渐变陡的,由南向北逆冲的断层,该逆冲断层造成与造山带相接的地表中生代侏罗系强烈变形,呈高角度倒转地层。在南玛纳斯深部断裂沿侏罗系煤系地层由南向北的逆冲过程中,在其上断坪,霍尔果斯背斜的深部发育一个小型分支断裂形成的构造楔。

通过对比该地区不同剖面,发现山前单斜带的中生代白垩系与盆地白垩系厚度存在明显的差异,推测该区中生代发生过隆升活动,造成隆升高点两侧白垩系不等厚,形成中生代隆升的断裂为早期的中生代断裂(图 5.8 中的①)。

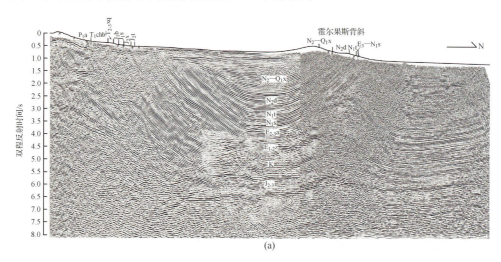

(a)

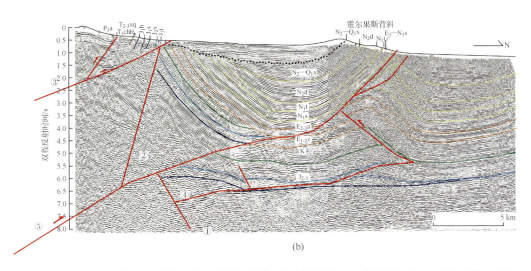

图 5.8　准南南玛纳斯-霍尔果斯二维地震剖面及解释(位置见图 5.3,测线 NA201301K+NS200321)
①-中生代断裂;②-山前断层;③-浅层逆冲断裂;④-深部逆冲断裂;⑤-霍-玛-吐断裂

在霍-玛-吐断裂上盘,单斜构造的北翼,新生代地层中发育多期生长地层,说明该地区存在多期构造活动;如新近系(N_2d)与第四系(Q_1x)呈明显的生长地层现象(图 5.8),在生长地层下伏的等厚地层沉积于单斜构造发生之前,生长地层的厚度向南减薄,向北增厚,地层倾角由深部向浅部逐渐变缓,且生长地层向地层高陡部位收敛,向构造低部位发散,呈"扇形"形态。

剖面 hrgs780+anjihai531(图 5.9)位于南玛纳斯背斜与南安集海背斜之间的霍尔果斯河处(图 5.3)。剖面主要发育四条断裂,即山前高角度断裂、霍-玛-吐断裂、中生代断裂及深部的逆冲断裂。

剖面穿过三排构造:山前断层、霍尔果斯背斜、安集海背斜(图 5.3)。山前断层位于二叠系和侏罗系之间,断层上盘二叠系逆冲到高陡倒转侏罗系之上,地震剖面显示断层下盘是北倾中生界地层,地层走向为 NE 向,地层向北倾。南玛纳斯深部断裂源于山根,切过古生界—三叠系,沿侏罗系煤层向盆地滑移,断层上盘在霍尔果斯背斜深部发育分支南倾逆冲断层。山前出露的中生界地层呈 NE 走向,这套地层挟持在山前断层和霍-玛-吐断裂之间,与 EW 走向的霍尔果斯背斜斜交,说明 NE 走向的中生界与霍尔果斯背斜 EW走向的新生界经历不同阶段变形。NE 走向中生界向西延伸到南安集海背斜,这些 NE走向的短轴状背斜属于早期发育的构造,被南安集海逆冲断裂和霍-玛-吐断裂抬升到地表。推断南安集海背斜-南玛纳斯背斜出露的中生界属于天山构造体系,新近纪逆冲断层将它们推覆逆冲到准噶尔盆地边缘。

霍-玛-吐断裂切穿侏罗系、白垩系、新生界,断层出露于霍尔果斯背斜南北翼。背斜南翼古近系安集海组($E_{2-3}a$)逆冲到新近系沙湾组(N_1s)之上(图 5.10、图 5.11),背斜北翼新近系塔西河(N_1t)逆冲到第四系西域组(Q_1x)之上,断层错断阶地,发育垂直断距约 3m的断层崖(图 5.12)。安集海背斜顶部平缓,出露独山子组(N_2d)地层(图 5.13),背斜北

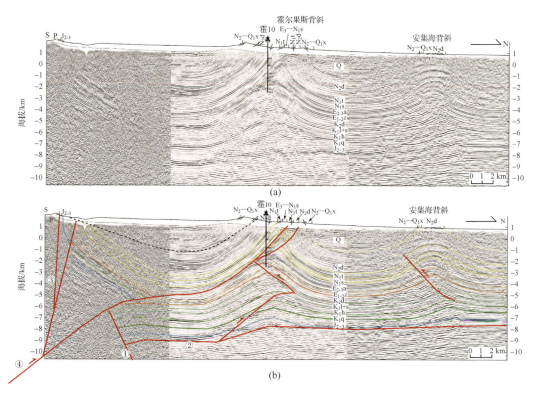

图 5.9　准南山前-霍尔果斯-安集海地震剖面及解释(位置见图 5.3,测线 hrgs780＋anjihai531)
①-中生代断裂;②-隐伏逆冲断层;③-山前断裂;④-霍-玛-吐断裂

翼沉积西域组(Q_1x)生长地层,地层倾角向北逐渐变缓(图 5.14)。南玛纳斯深部断裂上盘发育两个滑脱褶皱:霍尔果斯深部背斜和安集海背斜,两个滑脱褶皱核部发育突破断层;霍尔果斯背斜核部深部的南玛纳斯深部断裂上盘发育一个南倾逆冲断裂,该断裂向上逆冲过程中形成一个北倾反向断裂,形成霍尔果斯深部的构造楔构造。

图 5.10　霍尔果斯背斜核部(N44°10′49″,E85°27′8″,位置见图 5.3),古近系安集海
组($E_{2-3}a$)逆冲到新近系沙湾组(N_1s)之上

图 5.11　霍尔果斯背斜核部北翼南倾断层(N44°11′8″,E85°27′8″,
位置见图 5.3),断层下盘第四系西域组,断层上盘新近系塔西河组

图 5.12　霍尔果斯背斜北翼断层崖(N44°11′5″,E85°26′54″,位置见图 5.3),
断层错断阶地,发育垂直断距为 3m 的断层崖

图 5.13　安集海背斜顶部独山子组(N44°18′9″,E85°22′33″,位置见图 5.3)

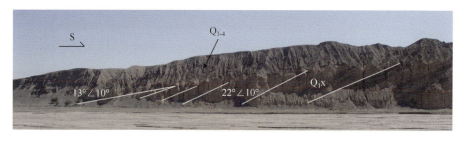

图 5.14　安集海背斜北翼西域组（Q_1x）生长地层（N44°19′20″,E85°22′18″,位置见图 5.3）

5.1.2　南安集海背斜构造分析

南安集海背斜位于巴音沟牧场至新安煤矿一带,南部与北天山之间为断层接触,古生界逆冲于中生界之上（图 5.15,图 5.15 位置见图 5.16）,背斜北部为车排子凸起。背斜轴近 NE 向,为短轴背斜。背斜核部出露侏罗系八道湾组（J_1b）（图 5.17）,背斜南翼为一以侏罗系头屯河组（J_2t）为核心的向斜,地层倾角为 20°～40°;背斜北翼由南向北依次出露侏罗系、白垩系、古近系紫泥泉子组（$E_{1-2}z$）、安集海组（$E_{2-3}a$）、新近系。背斜北翼中、新生代地层相较于准南中段明显减薄,并且缺失侏罗系喀拉扎组（J_3k）,形成侏罗系齐古组与白垩系之间的角度不整合接触（图 5.18）;除此之外,白垩系内部也存在明显的角度不整合接触（图 5.19）。中、新生代地层的减薄,以及角度不整合的发育,表明该地区存在中生代断裂形成的古构造高点。

图 5.15　南安集海背斜山前断层上盘二叠系逆冲到侏罗系之上（N43°58′44″,E85°7′8″,
位置见图 5.16）

剖面构造位于南安集海背斜核部,剖面方向近正北向,整体上切过了包含南安集海背斜及南安集海南部向斜（向斜轴与背斜轴平行）、四棵树凹陷和独山子背斜等构造。

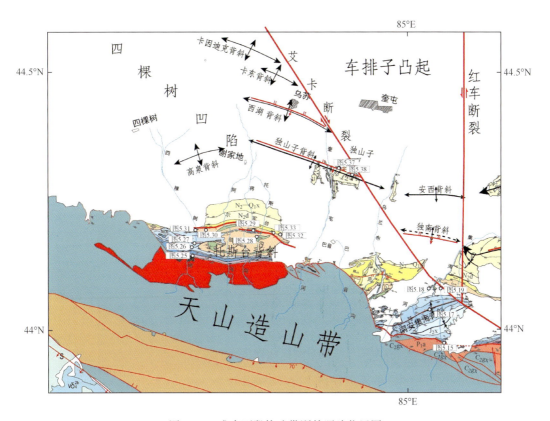

图 5.16　准南西段构造带野外照片位置图

图 5.17　南安集海背斜核部

图 5.18　南安集海背斜北翼白垩系不整合覆盖侏罗系齐古组(J_3q)

图 5.19　南安集海背斜北翼白垩系内部不整合面

　　野外地表上，南安集海背斜北翼的古近系和新近系倾向为近北倾，倾角基本上都在 40°以上，而较南部的侏罗系和白垩系倾向为 NW 向，倾角为 20°～50°；野外勘察中，在南安家海河东岸的白垩系(K)中发现了一个不整合面；在北天山山前野外勘察中发现石炭系(C)和侏罗系(J)之间存在断层，甚至在二叠系(P)中也存在断层，但是这些断层由于测线切向及长度的原因并未在剖面上显示。

　　剖面最南端切过少许二叠系(P)，而后切入南安集海背斜南部的宽缓向斜，该向斜轴向为 NEE，向斜核部出露侏罗系头屯河组(J_2t)，向斜两翼地层较缓，倾角为 20°～30°；剖面切过南安集海背斜核部出露地表的少许侏罗系八道湾组(J_1b)，同时出露侏罗系三工河组(J_1s)，背斜核部北翼地层较陡，约为 48°，剖面向背斜北翼方向呈完整的单斜构造，倾角比背斜核部略缓；南安集海背斜核部南翼地层较缓，约为 27°。

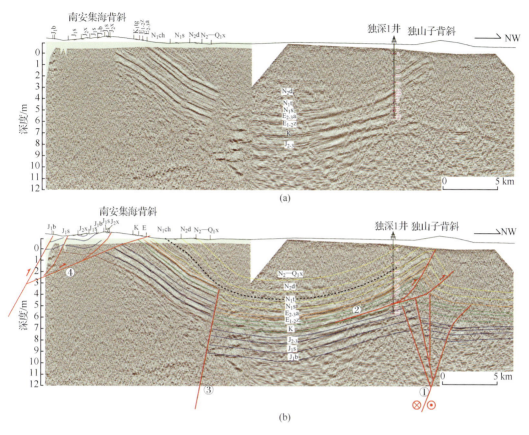

图 5.20　南安集海-独山子二维地震剖面及解释(位置见图 5.1,测线 WH9701＋NS200704)

图中⊗和⊙表示右行走滑断层:①-艾卡走滑断裂;②-独山子逆冲断裂;③-山前走滑断裂;④-山前浅层逆冲断裂

　　剖面上的主要构造包含山前构造及盆地构造;山前构造为浅层构造,主要为侏罗系的南安集海背斜,轴向 NE,形成南安集海背斜的为南安集海浅层逆冲断裂(图 5.20 中④),由于该断裂走向与新生代挤压应力方向斜交,推测该断裂可能为早期的逆冲断裂;同时南安集海背斜北翼规模远大于南翼,南安集海浅层断裂显然不是造成南安集海背斜北翼大型单斜构造的直接断裂,推测为较深部的高角度走滑断裂及新生代的挤压活动共同作用的结果;南安集海背斜核部出露侏罗系与盆地同时代地层之间垂向高程差约为 10km 左右,基底抬升是形成此类构造变形的主要原因,所以南安集海背斜为被动抬升的结果。

　　独山子背斜为典型的叠加构造,独山子深部断裂为一系列中生代走滑断裂,造成中生代地层错断;浅层主要发育独山子逆冲断裂,断裂沿白垩系滑脱,向上发生剪切变形,形成独山子表层背斜(图 5.20),逆冲断裂切过白垩系、古近系、新近系后出露地表。

　　测线 AW9805 剖面如(图 5.21):剖面构造位于南安集海背斜西端(图 5.1),剖面方向近正北向;剖面整体上南安集海背斜(及其南部向斜)、隐伏的霍西背斜、独南背斜及安西背斜构成。

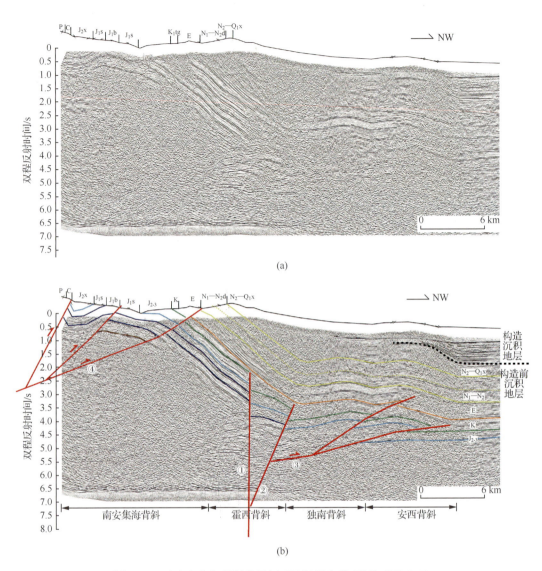

图 5.21 过南安集海背斜地震剖面及解释方案(测线 AW9805)
①-山前高角度断裂;②-艾卡断裂;③-南安集海逆冲断裂;④-浅层逆冲断裂

图 5.21 展示了该剖面上多条断层的断坡、断坪格架及其之间的相互切割关系,以及不同断裂控制下形成的不同层次的地层褶皱变形。整个剖面由多个不同构造深度上的多期构造叠加而成,不同的构造岩片在不同的构造中表现出不同构造变形特征和变形位移量。

从剖面反映的地震影像以及地表地层倾角来看,剖面南端近地表为一系列中生代侏罗系(J)构成的小型的背斜与向斜,褶皱轴向与南安集海背斜近平行;根据地层层位的错断以及轴面分析法,确定这些小型褶皱是由较浅层的由南向北的逆冲断层造成的,但该断层没有突破至第四系(Q),未在地表出露。从地震影像来看,中生代单斜地层上部的古近系中可以看到明显的角度不整合现象或断层;结合地表地层展布,发现新近系地层沙湾组(N$_1$s)在该处存在重复现象,推测可能为一个北倾逆冲断裂。剖面上可以看到两套滑脱层,分别为侏罗系(J)煤系地层及古近系安集海河组($E_{2-3}a$)。

剖面南部的近地表的逆冲断裂为南安集海早期逆冲断裂(图 5.21 中④)的分支断裂,在地表没有出露,并且它们造成中生代侏罗系(J)发生褶皱作用,且轴向为 NE 向,推测这些断裂应该为早期的构造活动造成;但是造成北翼新生代地层沙湾组(N_1s)重复的断裂上盘地层倾向均为正北向,与新生代挤压应力方向垂直,所以推测其与新生代的构造活动有关。

南安集海地区的构造活动按时间可以分为两期:早期的中生代构造活动,可能在基底中发育 NW 走向的走滑断裂,南安集海早期逆冲断裂逆冲过程形成的轴向为 NE 向的南安集海背斜,后期在新生代挤压作用下被动抬升至地表;新生代构造活动时,早期的中生代走滑断裂可能再次活化,产生的挤压分量将山前早期构造再次抬升;并且在深部发育分支逆冲断裂,逆冲断裂向盆地逆冲,两个分支断裂分别位于独南背斜与安西背斜深部;由于山前的基底卷入挤压构造消耗了大量的挤压位移量,导致挤压量向盆地方向的传播量很小。

南安集海背斜北翼中生代单斜地层倾角约为 40°左右,倾向为 NW 向,与南安集海北翼的新生代单斜地层的构造形态和倾向不同;同时在剖面中可以看到,在南安集海背斜北翼地层中,白垩系(K)厚度较薄,但是向盆地方向的白垩系(K)较厚,推测可能是南安集海背斜早期的中生代构造活动造成南部侏罗系(J)隆起,白垩系(K)后期不整合与侏罗系之上,造成上覆白垩系在古隆起处厚度较薄,边部厚度较厚。

剖面(AW9805)北部安西背斜的北翼上部(图 5.21),可以清楚地观察到生长地层;生长地层为第四系,生长地层向南减薄,向构造高部位收敛,地层倾角从深部到浅部逐渐变缓,该生长地层的产生是由于下部断层的活动产生的,通过该生长地层,可以确定独山子背斜的变形时间为第四纪。

测线 NS200711 剖面构造位于南安集海背斜核部(图 5.22),剖面方向近正北向,整体上包含了南安集海背斜(及其南部向斜)、独南背斜和哈拉安德背斜(安西背斜)。

NS200711 剖面上地震剖面反映的南安集海地区的构造形态与前几个剖面一致,主要构造单元由南安集海褶皱带、霍西背斜、独南背斜以及安西背斜组成。山前地表为南安集海背斜与向斜,背斜的前翼相对于后翼,倾角较陡而前翼长度较短,属于剪切型断层传播褶皱的特征。

南安集海深部逆冲断裂(图 5.22 中②)将早期的走滑断裂切断并将山前构造整体抬升,断裂前端沿中生代地层底部切入盆地后在安西背斜处新生代地层中尖灭。剖面中的安西背斜的上部第四系与南安集海反向断裂(图 5.22)上盘的第四系中均可以观察到少许生长地层现象。两处生长地层为第四系,断层向南减薄,向构造高部位收敛,断层倾角从深层到浅层逐渐变缓。

测线 HE201208K 剖面如图 5.23 所示:剖面构造位于南安集海背斜的东北部末端(图 5.1);从平面地质图来看,南安集海背斜东北端在该处变得比较紧闭,地层倾向从 NNW 逐步转为 NNE。剖面整体上包含了南安集海背斜(及向斜)、霍西背斜、独南背斜和安西背斜。

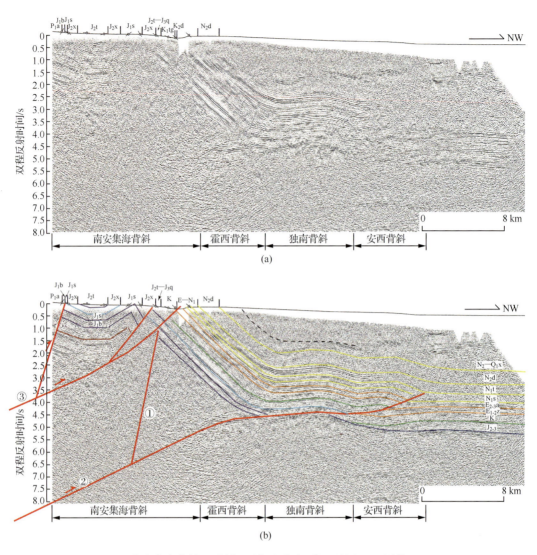

图 5.22 过南安集海背斜地震剖面及解释方案(位置见图 5.1,测线 NS200711)
①-艾卡走滑断裂;②-南安集海逆冲断裂;③-山前逆冲断裂

剖面山前浅层构造为宽缓的南安集海向斜与紧闭的南安集海背斜,北翼的中生代与新生代组成的单斜构造的倾角比之前几个剖面要陡,造成这种现象的原因可能是被走向NW 向的盆山边界断层或高角度走滑断层阻挡,从平面地质图来看,推测应该是早期艾卡断裂阻挡的作用造成的。

剖面显示南安集海地区的构造变形和褶皱形态基本与之前的几个剖面一致,从该剖面上南安集海背斜北翼单斜地层上部的第四系中仍然可以看到一些生长地层,生长地层向南减薄,向构造高部位收敛,地层倾角从深部到浅部逐渐变缓。整个剖面的南端地表中生代地层组成的向斜在该剖面上更加平缓,向斜南翼倾角约为 30°左右,北翼约为 45°左右;在深部南安集海逆冲断裂(图 5.23)沿上断坪顺侏罗系煤系地层向北滑动时,在霍西

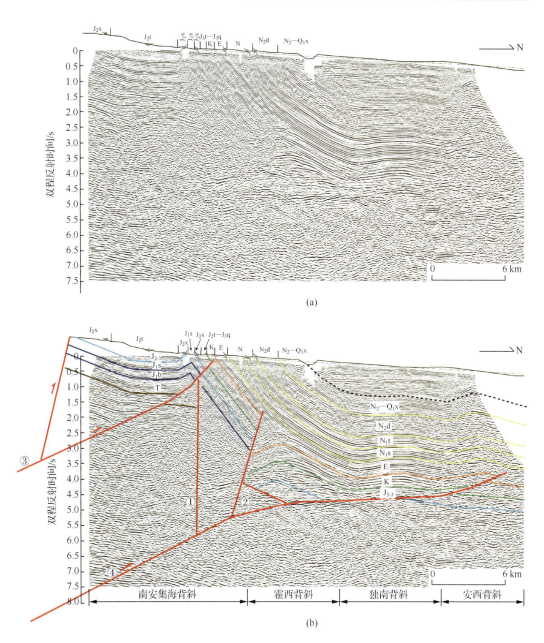

图 5.23　过南安集海背斜地震剖面及解释方案(测线 HE201208K)

①-艾卡走滑断裂;②-红车走滑断层;③-山前浅层逆冲断裂;④-南安集海逆冲断裂

背斜处发育小型的反向逆冲断裂,该断裂造成中生代白垩系与侏罗系产生褶皱,形成霍西背斜;南安集海深部逆冲断裂前端沿侏罗系煤系地层滑动至安西背斜时,向上传播,断裂前端切入新生代地层后逐渐消失。早期的艾卡断裂(图 5.23 中①)及红车断裂(图 5.23 中②)被新生代挤压下产生的南安集海逆冲断裂切断抬升。

剖面 AN201104K 位于沙湾凹陷与四棵树凹陷交汇处,剖面西侧是四棵树凹陷,东侧是沙湾凹陷。剖面依次切过南安集海背斜、霍尔果斯背斜、安集海背斜(图 5.1)。南安集海背斜为 NE 走向,背斜核部和翼部都是侏罗系。南安集海背斜北侧是 EW 走向霍尔果斯背斜和安集海背斜,剖面切过这两个背斜西倾伏端。地震资料显示南玛纳斯深部断裂是一条深部断层,断层源于山根,切过古生界—三叠系,沿侏罗系煤层向盆地滑移,在盆地腹部发育两个滑脱褶皱:霍尔果斯背斜和安集海背斜(图 5.24)。

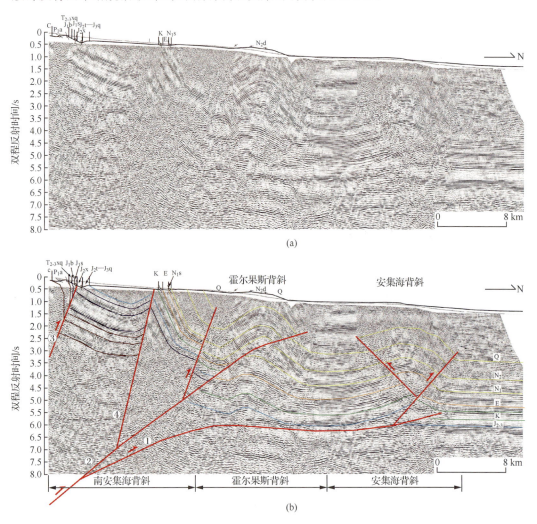

图 5.24 南安集海-霍尔果斯-安集海二维地震剖面及解释(位置见图 5.1,测线 AN201104K)
①-深部逆冲断裂;②-霍-玛-吐断裂;③-山前逆冲断裂;④-艾卡走滑断裂

南玛纳斯深部断裂上盘为早期的艾卡断裂及新生代的霍-玛-吐断裂及其分支断裂,山前断层上盘二叠系逆冲到侏罗系之上(图 5.23)。野外观察到南安集海背斜是一个紧闭褶皱,被高角度断层切割,背斜核部出露侏罗系三工河组,背斜北翼地层陡,地层产状为 57°∠340°,背斜南翼地层变缓,地层产状为 36°∠134°(图 5.24)。南安集海背斜北侧出露北倾白垩系、古近系,地层 EW 向展布,与 NE 走向的南安集海背斜斜交(图 5.1)。南安集海背斜北侧白垩系不整合覆盖侏罗系(图 5.18),白垩系内部不整合,表明南安集海背斜经历过早期变形。南安集海背斜 NE 走向,与新生代发育的 EW 走向的霍尔果斯背斜、安集海背斜轴向上斜交,南安集海背斜应该属于早期构造,后期被新生代逆冲断层抬升到地表。

综上所述,沙湾凹陷和四棵树凹陷交汇部位发育多期断裂,中生代发育 NE 向断层和褶皱,这些构造与新生代的近 EW 向逆冲断层斜交。新生代发育 EW 走向的霍-玛-吐断裂向盆地扩展,形成霍尔果斯背斜和安集海背斜两排褶皱,山前的南安集海背斜和 NE 走向的中生界地层被抬升到地表,形成山前 NE 向短轴状褶皱与盆地 EW 向霍尔果斯背斜、安集海背斜斜交,二者被断层分隔的构造格局。

5.1.3　托斯台背斜构造分析

托斯台构造带属于准噶尔南缘山前第一排构造带的最西端,但是却与南缘中段第二排的霍-玛-吐背斜带处于同一纬度带(图 5.1)。托斯台构造带与南缘中、东段构造差异明显,差异体现在以下几个方面。①盆山接触关系,南缘中、东段与北天山以断层接触接触为主,天山内部古生代地层逆冲到中生代地层之上;而托斯台构造带与北天山的接触关系为不整合接触,图 5.25 显示在盆山边界,中生代地层之间不整合覆盖于天山内部花岗岩基底之上,这一现象表明并不存在一条连续的大断裂分隔北天山与准噶尔盆地。②不同于准南其他地区,托斯台构造带由一系列的小型褶皱群组成,断层(图 5.26~图 5.29)、褶皱(图 5.30、图 5.26)异常发育,但是这些褶皱、断层均为小型浅表构造。③托斯台构造带北翼为新生界,这些新生界连续出露,地层产状高陡(图 5.31、图 5.32),甚至接近直立,为简单的单斜构造,其规模远大于构造带内部的褶皱,表明托斯台地区的新生代的主控构造为形成北翼单斜的构造。除了这些差异,托斯台地区与南缘其他地区也有相似的地方,托斯台与南缘中段部分地区一样,也同样缺失了侏罗系喀拉扎组(J_3k),造成白垩系清水河组(K_1q)与侏罗系齐古组(J_3q)之间的不整合接触关系(图 5.33),由此推断在整个南缘地区,在侏罗纪中、晚期到早白垩世期间可能处于一期弱挤压环境,造成构造抬升、地层剥蚀。在托斯台构造带中,野外发现了一个扇形生长地层构造,并薄的地层为侏罗系头屯河组(J_2t)(图 5.26),推断南缘的中生代挤压构造可能发生于中侏罗世。

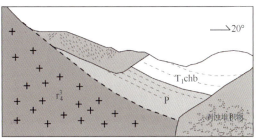

图 5.25　托斯台地区四棵树河剖面二叠系与花岗岩体不整合接触(位置见图 5.16)

地震剖面 TS200305 位于准南西段的托斯台断褶带的东部,方向 NNE,穿过托斯台褶皱带和西湖背斜、卡因迪克背斜(剖面位置见图 5.1)。托 6 井显示,托斯台背斜底部构造相当复杂,存在许多的小型逆断层,造成了侏罗系、三叠系的多次重复(图 5.34)。

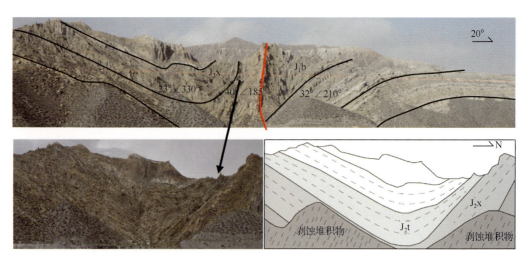

图5.26 托斯台地区褶皱、断层构造以及侏罗系生长地层(位置见图5.16)

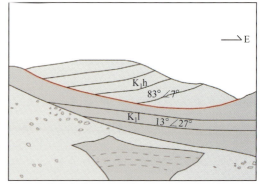

图5.27 白垩系内部的北倾断层(位置见图5.16)

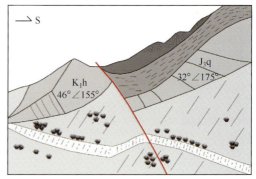

图5.28 侏罗系与白垩系之间的南倾断层(位置见图5.16)

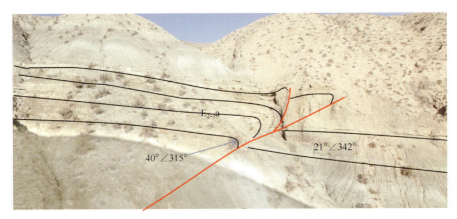

图 5.29　托斯台地区出露于安集海河组的小型南倾逆断层(位置见图 5.16)

图 5.30　托斯台构造带背斜构造(位置见图 5.16)

图 5.31　托斯台背斜北翼沙湾组(N_1s)直立地层(位置见图 5.16)

　　图 5.35、图 5.36 显示形成托斯台的构造为基底卷入构造。从剖面的地震影像上来看,主要的构造活动变形集中在山前带,造成托斯台褶皱带中生代地层的大幅度抬升;山前地表中生代地层与盆地中生代地层存在较大的高差,且二者之间为中生代北倾单斜地层。托斯台褶皱带南部地表为一个中生代地层组成的向斜构造,造成该向斜构造的可能是中生代的逆冲断裂的褶皱作用,新生代多期断裂逆冲作用下将早期构造抬升的结果;托

图 5.32　托斯台背斜北翼古近系安集海河组（$E_{2-3}a$）直立地层（位置见图 5.16）

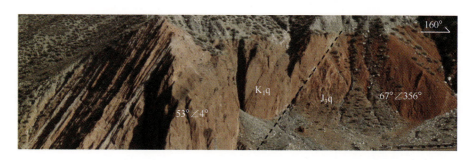

图 5.33　托斯台地区沿四棵树河野外剖面白垩系不整合覆盖侏罗系（位置见图 5.16）

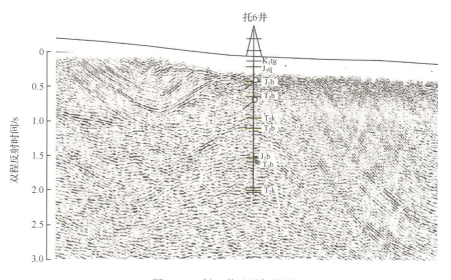

图 5.34　托 6 井地层标注图

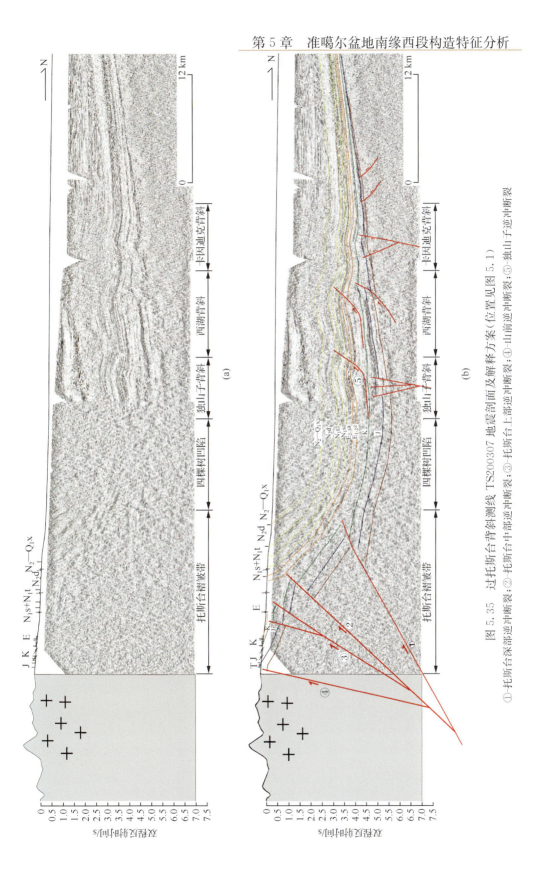

图 5.35　过托斯台背斜测线 TS200307 地震剖面及解释方案（位置见图 5.1）

① 托斯台深部逆冲断裂；② 托斯台中部逆冲断裂；③ 托斯台上部逆冲断裂；④ 山前逆冲断裂；⑤ 独山子逆冲断裂

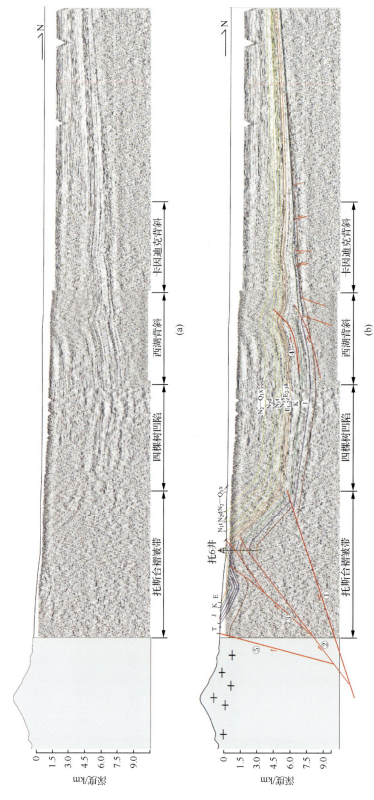

图 5.36　托斯台-西湖地区二维地震剖面及解释方案（测线 TS200305，剖面位置见图 5.1）

①-托斯台深部逆冲断裂；②-托斯台中部逆冲断裂；③-托斯台上部逆冲断裂；④-西湖逆冲断裂；⑤-山前逆冲断裂

斯台褶皱带主体部分为山前的多期的逆冲构造,早期托斯台上部逆冲断裂从基底向上逆冲,形成第一期逆冲挤压构造;之后托斯台中部逆冲断裂开始发育,并将第一期逆冲构造错断、抬升,断裂前端产生许多小型的分支逆冲断裂,早期中生代构造被抬升的更高,形成上部地表较为复杂的褶皱构造形态。挤压环境下,托斯台深部逆冲断裂从基底向上逆冲,断裂前端切入中生代白垩系后消失,该断裂将先存的两期逆冲构造整体抬升,并直接导致形成了托斯台北翼的大型单斜构造。由于新生代挤压活动的存在,在北天山山前发育一个高角度逆冲断裂,该断裂将老基底抬升至中生代地层之上,使构造形态更复杂。

托斯台深部逆冲断裂从基底向上逆冲,断层前端切入白垩系吐谷鲁群后,由于构造挤压量向盆地方向的传播,西湖背斜下部白垩系中产生西湖逆冲断裂,该断裂前端切穿新生代塔西河组(N_1t)后尖灭,并形成典型的剪切型断层传播褶皱的西湖上部背斜。深部的西湖逆冲断裂前端逆冲至西湖背斜深部的白垩系中,形成西湖深部背斜;西湖背斜上下两部分构造高点不一致,可能是因为存在两套滑脱层的原因。

图 5.35、图 5.36 分别显示的是过托斯台背斜测线 TS200307、TS200305 的解释方案,表明托斯台地区的主控构造为多条高陡断层所形成的基底卷入构造,并且构造相对稳定。

5.2 盆地构造特征分析

5.2.1 独山子背斜构造分析

独山子背斜与准南中段第三排背斜的安集海背斜处于同一纬度(图 5.1),位于艾卡断裂西侧。独山子背斜轴向近 NWW 向,与区域主构造方向不一致。独山子为北翼陡倾、南翼缓的不对称背斜,背斜核部出露塔西河组(N_1t)(图 5.37),两翼出露上新统独山子组(N_2d)、第四系,在独山子背斜北翼出露一条逆断层(图 5.38)。

图 5.37 独山子背斜核部出露新近系塔西河组(N_1t)(位置见图 5.16)

根据剖面地震影像(图 5.39,图 5.40)可以发现独山子背斜的几个构造特征:①浅层地震影像与深部的地震影像存在很大差异,表明独山子背斜构造样式在垂向上具有分层性;②图像显示,独山子背斜底部的侏罗系西山窑组(J_2x)之下的侏罗系下统及早白垩系

图 5.38　独山子背斜北翼断层(位置见图 5.16)

有加厚现象,形成类似洼陷构造,但是也可以清楚地看到洼陷内下侏罗统有向上凹的特征,表明独山子深部早期存在凹陷,后期被高角度走滑断裂错断改造;③独山子背斜南翼的地震反射品质好于构造北翼,独山子背斜北翼地震反射很杂乱,原因是独山子背斜北翼地层倾角高陡,不利于构造成像,由此推断独山子背斜浅部可能是一个断层传播褶皱(Shaw et al. ,2005)。

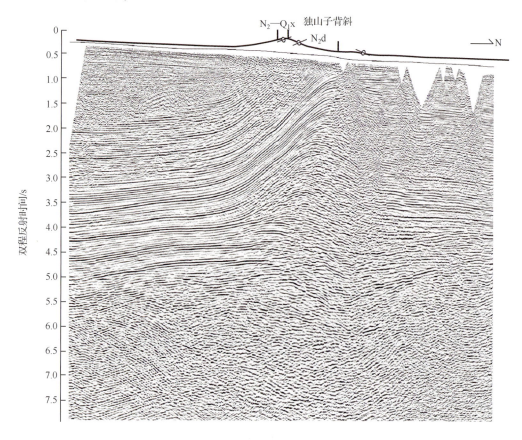

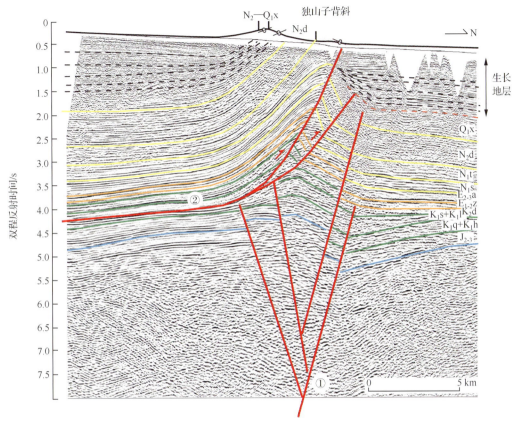

图 5.39　准南四棵树凹陷独山子背斜二维地震剖面及解释方案(测线 DS201101)
① 独山子深部断裂；②-独山子逆冲断裂

根据以上分析,可以推断独山子背斜的构造特征及活动史:独山子背斜在晚三叠世到早侏罗世,可能处于一个走滑系统中,形成独山子深部正花状走滑构造;新生代构造环境下,挤压作用导致在白垩系中发育独山子逆冲断裂,该断裂形成剪切型断层传播褶皱的独山子浅层背斜;由于天山构造的向北传递,该断裂沿白垩系逆冲,断裂前端在独山子北翼形成两到三个分支断裂,并且冲断至第四系内;独山子浅层构造与深部构造的不同,使独山子深浅层构造存在明显的不协调性。

图 5.41 和图 5.42 显示的是独山子背斜古近系紫泥泉子组及新近系沙湾组顶界构造圈闭图,从图上可以看出独山子背斜中浅层沙湾组和紫泥泉子组两个圈层的圈闭类型为断背斜圈闭,在构造高部位受独山子北断裂、独山子北 2 号断裂切割控制,断裂上盘及夹片圈闭构造轴向呈近 EW 向展布。独山子北断裂为南倾逆断裂,走向近 EW 向,断开层位为 K—Q,延伸长度为 38km,断距为 150~500m;独山子北 2 号为南倾逆断裂,走向近 EW 向,断开层位为 K—Q,延伸长度为 35km,断距 200~700m。各断裂在剖面上断点清楚,断裂可靠,平面上组合合理,圈闭可靠。

图 5.43 显示的是独山子背斜侏罗系齐谷组顶界构造图,独山子背斜下组合圈闭层位为侏罗系齐古组,背斜长轴长约为 25km,NS 向短轴宽约为 2~6km,圈闭面积为 150km²、闭合度为 950m、高点埋深为 5700m、圈闭溢出点海拔为-5800m。独山子背斜

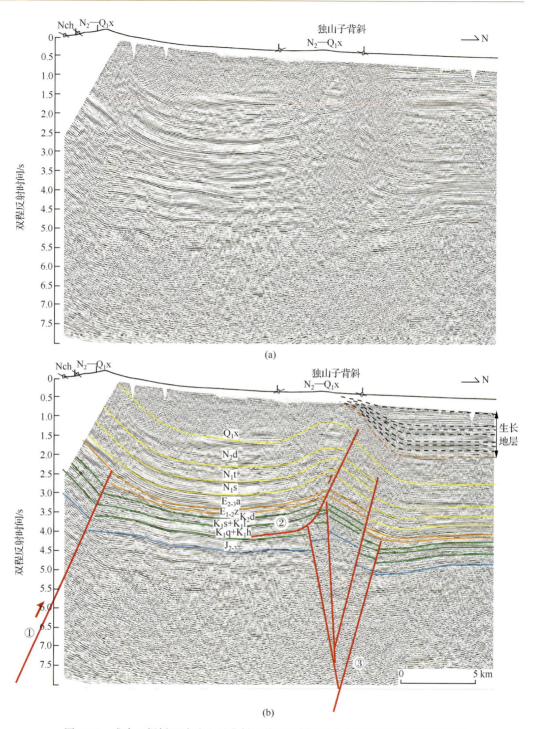

图5.40 准南四棵树凹陷独山子背斜二维地震剖面及解释方案(测线 NS200707)
①-南安集海逆冲断裂；②-独山子逆冲断裂；③-独山子深部断裂

深层(下组合)断层转折褶皱形成的深层背斜主要呈 NW-SE 向展布，背斜北翼陡、南翼缓，属于不对称背斜。

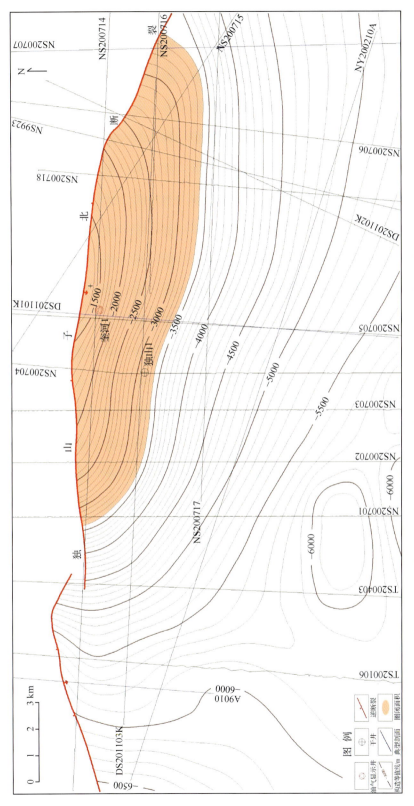

图 5.41　南缘冲断带独山子背斜古近系紫泥泉子组顶界构造图

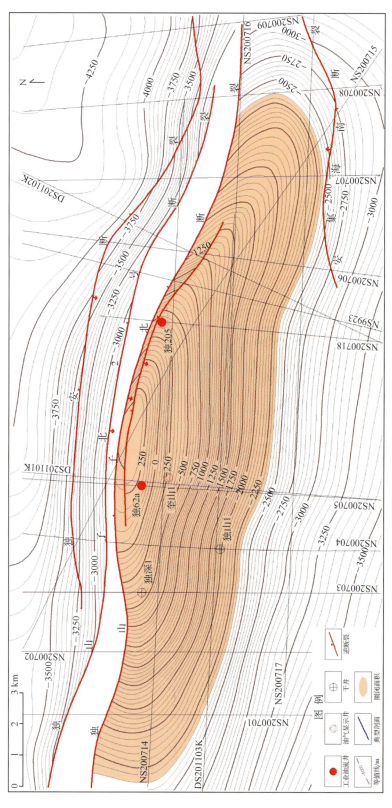

图 5.42 南缘冲断带独山子背斜新近系沙湾组顶界构造图

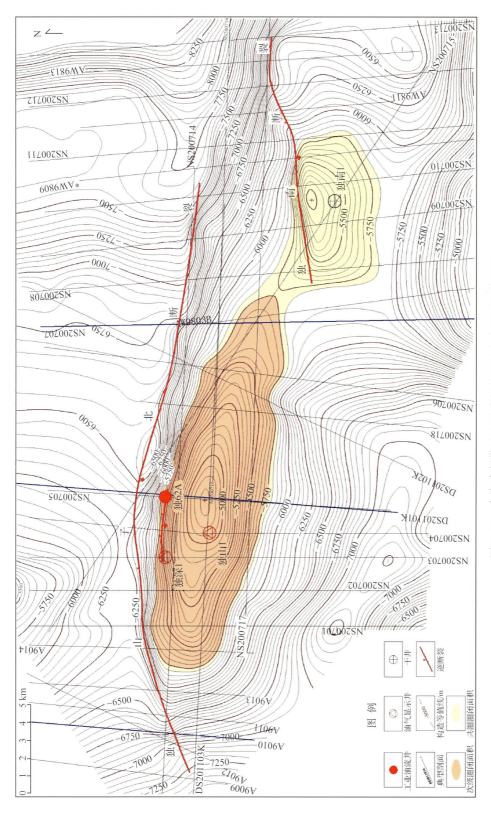

图5.43　南缘冲断带独山子背斜侏罗系齐古组顶界构造图

5.2.2　西湖背斜构造分析

西湖背斜位于四棵树凹陷北部,车排子凸起西南侧,独山子背斜西北侧,它与独山子背斜一起呈雁列式沿艾卡断裂展布。

西湖背斜(图5.44)受浅中深多套滑脱层上产生的断裂体系及早期的高角度走滑断裂控制形成。深层主要为早期的高角度走滑断裂形成的西湖早期构造,西湖早期构造的轴向近NW向;浅、中层主要为侏罗系(J)、白垩系(K)、古近系(E)三套滑脱层内,在新生代挤压构造环境下产生的逆冲断裂形成的多个剪切型断层传播褶皱的叠加组合。

根据断层和褶皱发育特点,结合组合样式和成因类型分析,西湖背斜为一受浅、深两套断层控制与影响而形成的深层断层转折褶皱与浅层断层传播褶皱组成的复合背斜构造。

西湖背斜发育地层为侏罗系—新近系,可分为两个构造层,上部构造层为新近系—白垩系吐谷鲁群顶部,下部构造层为白垩系吐谷鲁群—侏罗系。上下构造层构造特征和圈闭形态差异很大。浅层构造是一个较完整的长轴背斜构造,轴向近EW向,轴部平缓,南翼倾角为5°～11°,北翼倾角为7°～16°,由下至上背斜面积由小变大,具有典型的断层传播褶皱的特点;深层构造位于滑脱断裂(西湖断裂)的下盘,其中,白垩系表现为断层转折褶皱的特点,以断鼻和断背斜圈闭为主。

深层构造:侏罗系构造特征从侏罗系顶界构造图可以看出(图5.45),圈闭为断背斜构造,形成于喜马拉雅期,其北部受西湖北断裂控制,东接艾卡断裂。白垩系吐谷鲁群构造特征从白垩系呼图壁河组顶界构造图可以看出,构造形态发生较大变化,演化为具东、西两个独立高点的背斜圈闭。背斜西部高点主要受西湖北断裂所控制,西湖断裂南翼存在一个断鼻构造。

浅层构造(5.46):东沟组背斜形态较为完整,呈近EW向展布,背斜被西湖断裂切割,西高点处于断裂下盘,而东高点被断裂从中间穿过。古近系构造特征同东沟组底界构造基本一致,背斜轴向呈近EW展布,为南翼略缓,北翼略陡的低缓背斜。依然存在东、西高点,中间为鞍部过渡,西高点处于断裂下盘,东高点处于断裂上盘。新近系基本继承了古近系的构造特征,背斜形态及与周邻构造的接触关系与古近系构造基本一致,仍存在东、西两个高点,东、西高点都位于西湖断裂断裂上盘,纵向上,由白垩系东沟组至新近系沙湾组圈闭面积逐渐变大。

5.2.3　高泉背斜构造分析

高泉背斜位于准噶尔盆地南缘西部的四棵树凹陷,位于新疆乌苏县西南约30km,背斜轴向为NE向,地表为第四系戈壁覆盖,地势较平坦。

高泉-乌苏洼陷区西至托托,东部由红光镇断裂将其与昌吉凹陷分开,南部以托斯台前缘-四古南断裂为界,北部与艾卡断裂带为渐变接触。高泉-乌苏洼陷区是四棵树凹陷的沉积、沉降中心,也是四棵树凹陷的生烃中心。该区由西向东发育有高泉南背斜、高泉北背斜、高泉东断背斜、西湖背斜和独山子背斜等。高泉背斜构造具有圈闭面积大、闭合度大、构造平缓等特点。

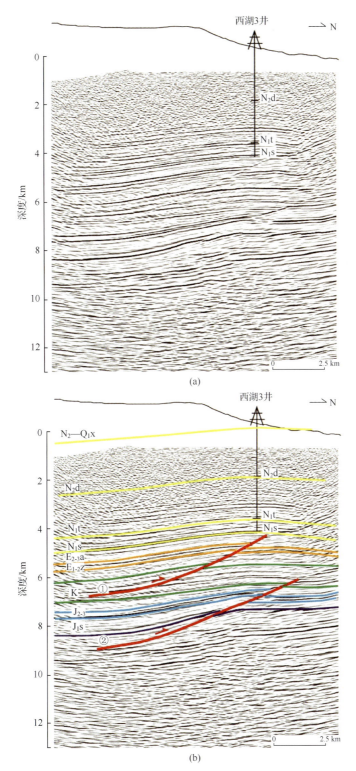

图 5.44　过西湖背斜地震测线 xihu402 地震剖面及解释方案

①-西湖浅层逆冲断裂;②-西湖深层逆冲断裂

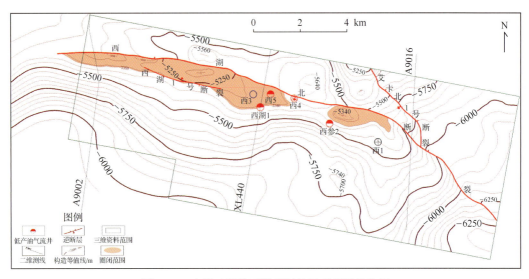

图 5.45　南缘冲断带西湖背斜侏罗系顶界构造图

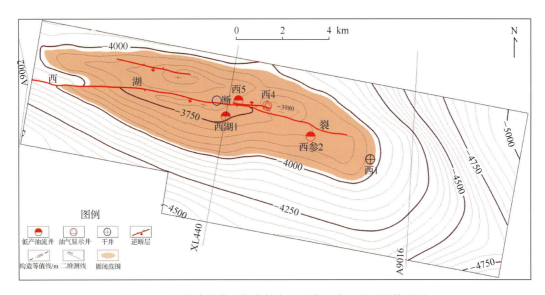

图 5.46　南缘冲断带西湖背斜古近系紫泥泉子组顶界构造图

　　由 AG201110、GQ201205 地震剖面(图 5.47、图 5.48)可以看出,高泉背斜主要构造可以分为浅层构造和深层构造;浅层构造主要是挤压应力沿主要的滑脱层向北传递过程中发生的剪切褶皱作用,沿滑脱层滑动的断层前端向上逆冲至新近系塔西河组(N_1t)组内的膏泥岩层内后尖灭;在挤压应力传递过程中,膏泥岩层发生塑性流动,造成局部区域地层加厚;深层构造主要为多个高陡的断裂控制形成,造成局部中生代地层隆起。

　　图 5.49 显示的是高泉背斜古近系紫泥泉子组顶界的构造图,该组显示的高泉南背斜呈断鼻构造,主要断裂呈为 NW 走向;高泉东背斜存在两个构造高点,分别受到走向 NW 和走向 NE 的两个断裂控制;高泉北背斜轴向为 NE 向,为长轴状背斜,该构造深部为断裂发育。

　　图 5.50 显示的是高泉背斜侏罗系齐古组顶界构造图,该组显示高泉东断背斜为一

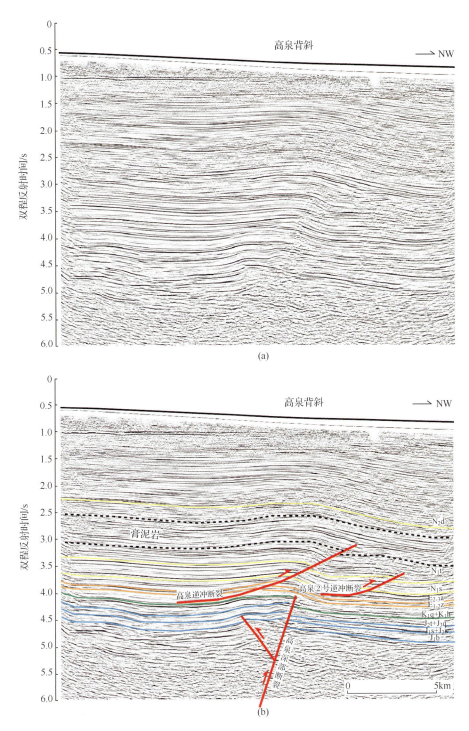

图 5.47　过高泉背斜二维地震剖面及解释方案(测线 AG201110)

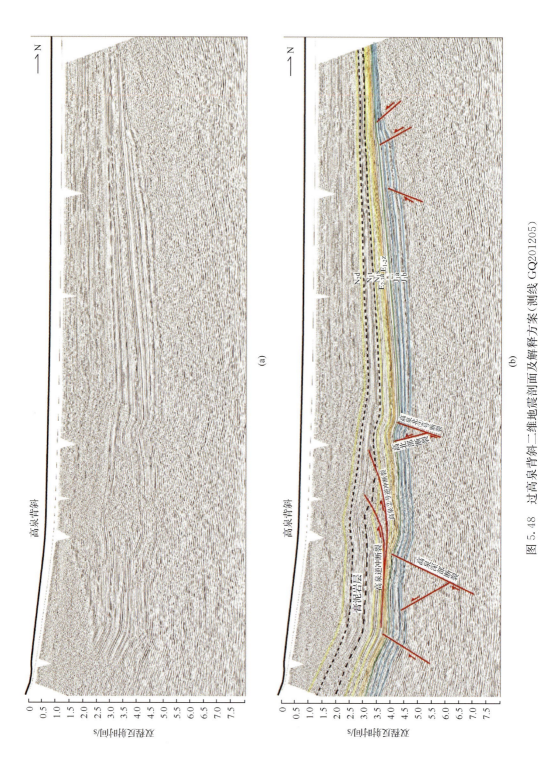

图 5.48 过高泉背斜二维地震剖面及解释方案（测线 GQ201205）

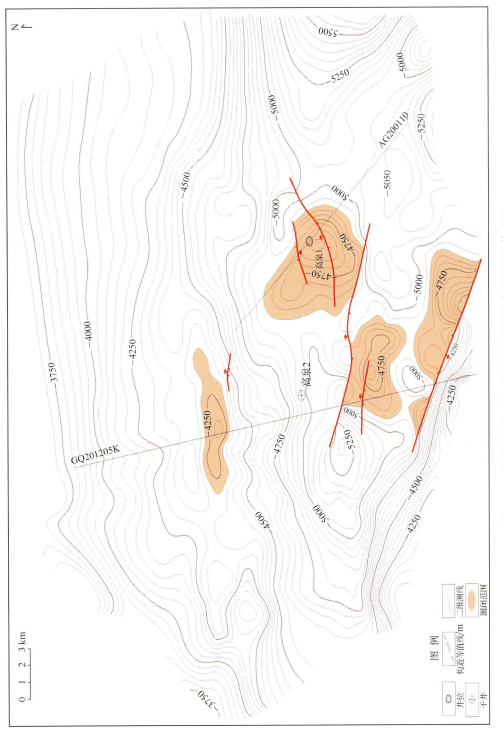

图 5.49　南缘冲断带高泉背斜古近系紫泥泉子组顶界构造图

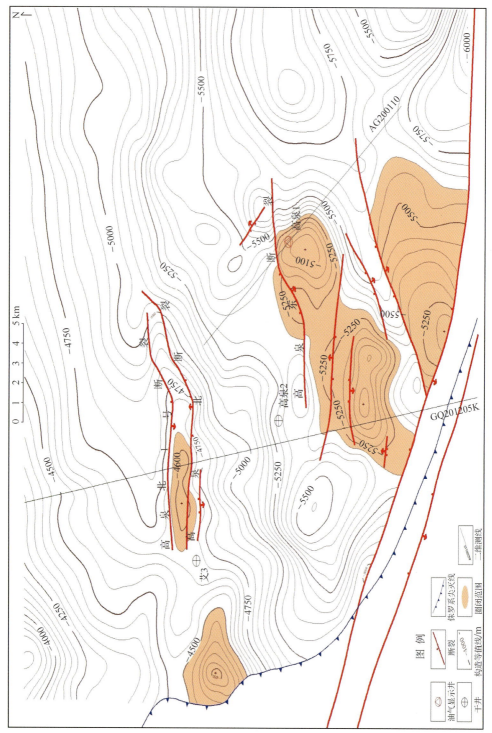

图 5.50 南缘冲断带高泉背斜侏罗系齐古组顶界构造图

个在 NE 向逆断裂切割下形成的断背斜,背斜为长短轴长度相近的断穹隆构造。高泉东断裂断位于背斜的东南部,走向为 NE-SW 向,倾向南,断距为 300m。高泉南背斜呈断鼻构造主要为 NW 走向的断裂和 NE 走向的两条断裂控制;高泉北背斜为长轴背斜,轴向为 NE 向,背斜两翼主要断裂为高泉北断裂及高泉北①号断裂。

准噶尔盆地南缘新生代构造变形机制与演化

第6章

本章列举准噶尔盆地南缘喀拉扎背斜(阿克屯背斜)、齐古背斜(昌吉背斜、齐古背斜、南玛纳斯背斜)、南安集海背斜、托斯台背斜,霍-玛-吐背斜、安集海背斜、呼图壁背斜、独山子背斜、西湖背斜构造模型,研究厘定其构造变形时间,确定准噶尔盆地南缘新生代变形机制和构造演化过程。

6.1 准噶尔盆地南缘山前构造变形机制

构造楔(wedge structures)由两条相互连接、断面倾角相反的断层组成[图6.1(b)],可发育于基底和层状的沉积岩中。断层转折褶皱位移量除了部分被断层上盘褶皱吸收,还有一部分断层位移量会向前陆方向传播,在前陆方向形成新的褶皱(Suppe,1983)[图6.1(a)];断层传播褶皱滑移量全部被断层上盘形成的褶皱吸收(Mitra,1990;Suppe and Medwedeff,1990;Erslev,1991)。由于构造楔存在反冲断层,逆冲断层的滑移量除了部分转化为构造楔抬升,剩余位移量沿反冲断层传播,形成反冲断层上盘褶皱。构造楔会产生两个褶皱叠加的效果,因此会产生比其他类型构造更大的构造抬升量[图6.1(b)]。构造楔只是自然实例一个端元模式,更加普遍的情况是反冲断层只吸收部分位移量,还有一部

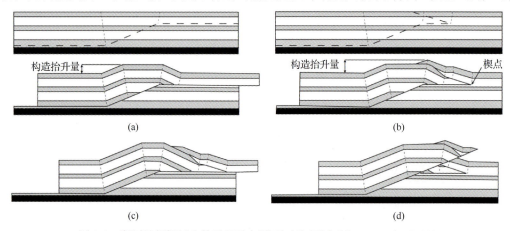

图6.1 断层转折褶皱和构造楔几何模型对比(引自 Mount et al.,2011)

(a)断层转折褶皱模型:断层斜坡上方地层发生褶皱,断层位移量沿水平断面向前滑移;(b)构造楔模型:断层转折褶皱前端发育反冲断层,形成两个叠加断层转折褶皱,断层位移没有向前滑移,沿反冲断层逆向反冲回去;(c)混合型构造楔模型:断层斜坡上方地层发生褶皱,部分断层位移量沿反冲断层逆向反冲回去,剩余位移量沿水平断面向前滑移;(d)突破型构造楔模型:构造楔被晚期活动的断层切割,完整的构造楔分为断层下盘和断层上盘两个部分

分位移量会向前陆传播,在盆地中形成新的褶皱,我们称之为部分构造楔[图 6.1(c)]。有些构造楔在形成之后,会在前冲断层的上转折端发育突破断层,将早期形成的构造楔分成上、下两部分,下半部分留在突破断层下盘,上半部分被突破断层抬升改造[图 6.1(d)]。

基底卷入型构造楔是构造楔的一种类型,通常发育于盆山边界,断层起源于能干性强的基底,穿入层状沉积层,造成盆地边缘的抬升(Mount et al.,2011)(图 6.2)。依据构造楔的楔点发育的位置,可以将基底卷入型构造楔分成两种(Mount et al.,2011):模型 1 构造楔反冲断层位于沉积盖层[图 6.2(a)];模型 2 构造楔反冲断层位于基底[图 6.2(b)]。

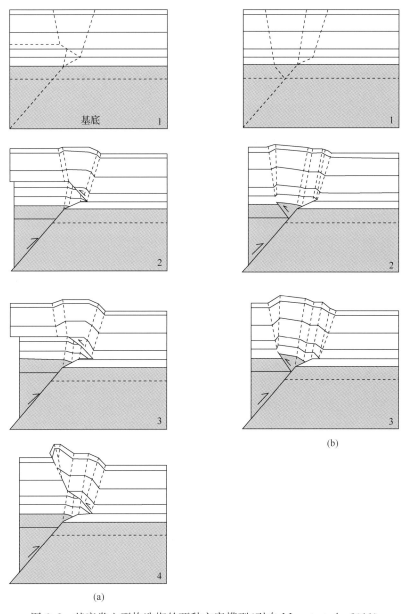

图 6.2　基底卷入型构造楔的两种方案模型(引自 Mount et al.,2011)

(a) 模型 1 构造楔反冲断层位于沉积层;(b) 模型 2 构造楔反冲断层位于基底

模型 1 的反冲断层分为两种,一是断层转折褶皱模型[图 6.2(a)-1～图 6.2(a)-3],二是断层传播褶皱模型[图 6.2(a)-4]。模型 2 发育基底"突发构造"(pop-up structure),基底和沉积盖层抬升,伴随断层的断距加大,突发构造与主控逆断层一起运动,背斜逐渐增高加大。

准噶尔盆地南缘山前构造抬升量巨大,山前沙湾凹陷未变形侏罗系位于深度为 10km 处,地层向南抬起,在山前出露地表。由于山前不发育大位移量的逆冲断层,出露侏罗系、白垩系、新生界连续,没有发生错断和缺失。由于山前不发育地表断裂,深层很可能发育隐伏基底断层。依据断层几何样式分析,准噶尔盆地南缘山前构造分为:叠加型构造楔(喀拉扎背斜、阿克屯背斜)、断层突破型构造楔(昌吉背斜、齐古背斜、南玛纳斯背斜)、基底卷入型构造楔(南安集海背斜、托斯台背斜)。

6.1.1 喀拉扎-阿克屯叠加型构造楔

喀拉扎-阿克屯下伏发育叠加构造楔,浅层构造楔发育逆冲断层 F_1 与反冲断层 F_2,深层构造楔发育逆冲断层 F_3 和反冲断层 F_4(图 6.3)。下面通过正演模型展示喀拉扎-阿克屯构造楔发育过程和变形参量(图 6.4)。

1. 喀拉扎-阿克屯构造楔正演模型

(1)浅层构造楔发育逆冲断层 F_1 与反冲断层 F_2,构造楔端点位于中生界底界(或者二叠系泥岩),逆冲断层 F_1 上盘古生界向北逆冲抬升,楔入中生界底界。反冲断层 F_2 沿中生界底界向南逆冲,逆冲断层 F_1 位移量(17km)沿反冲断层 F_2 向南消减,前陆方向没有发生变形[图 6.4(b)]。

(2)深层构造楔发育逆冲断层 F_3 和反冲断层 F_4,断层 F_4 切穿中生界,形成断层传播褶皱。依据断层 F_4 上盘地层倾斜区Ⅰ、Ⅱ、Ⅲ,确定断层 F_4 层位和形态,断层 F_4 沿中生界底界发育[图 6.4(c)]。断层 F_3 位移量(13km)沿断层 F_4 向南消减,形成断层 F_4 上盘背斜,背斜顶部的白垩系、新生界遭受剥蚀(图 6.3)。

2. 喀拉扎-阿克屯构造楔反演模型

反演模型展示喀拉扎-阿克屯构造楔变形量,沿着逆冲断层 F_1、F_3 依次恢复变形前状态,计算出二个构造楔位移量约为 30km,这是断层 F_1 和 F_3 位移之和。通过恢复反冲断层 F_4 上盘变形前状态,10km 的位移量被喀拉扎-阿克屯背斜吸收,呼图壁背斜缩短量 1km,剩余 19km 位移量被构造楔和反冲断层 F_2 吸收,转换为构造楔抬升隆起,或者沿反冲断层 F_2 向南逆冲返回到天山。由于山前向盆地中传递的位移量极小,可以认为构造楔和反冲断层吸收绝大部分山前逆冲断层位移量(图 6.5)。

6.1.2 昌吉-齐古-南玛纳斯断层突破型构造楔

昌吉-齐古-南玛纳斯构造楔被断层突破,深部构造楔分成上、下两部分,下半部分留在断层下盘,上半部分沿南倾断层向北逆冲。突破断层切穿侏罗系、白垩系,沿古近系安集海河组泥岩向北逆冲 10km,出露吐谷鲁背斜、玛纳斯背斜南翼(图 6.6)。下面通过正演模型展示昌吉-齐古-南玛纳斯构造楔发育过程和变形参量。

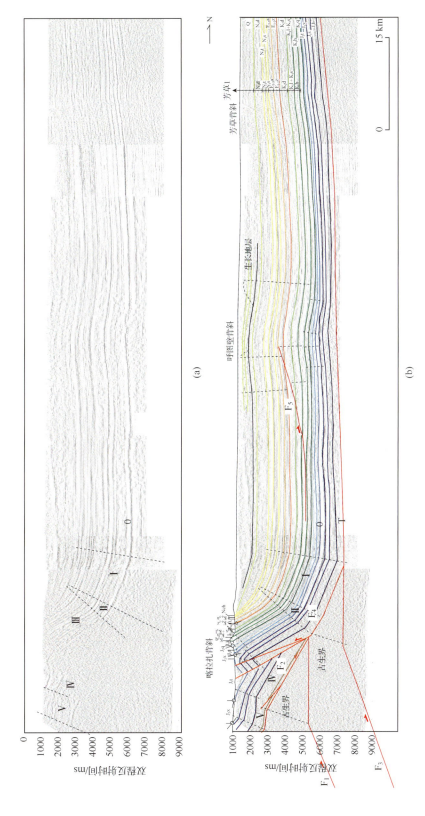

图 6.3　喀拉扎背斜-呼图壁背斜地震剖面及构造解释（测线 NS9906，测线位置见图 4.1）

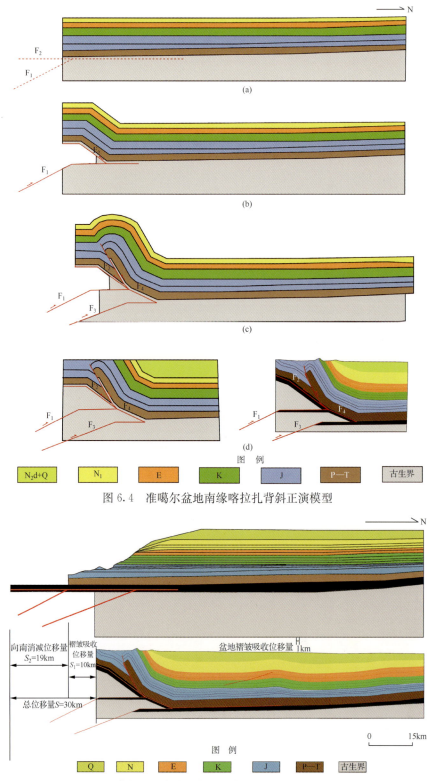

图 6.4　准噶尔盆地南缘喀拉扎背斜正演模型

图 6.5　准噶尔盆地南缘喀拉扎背斜-呼图壁背斜反演平衡剖面

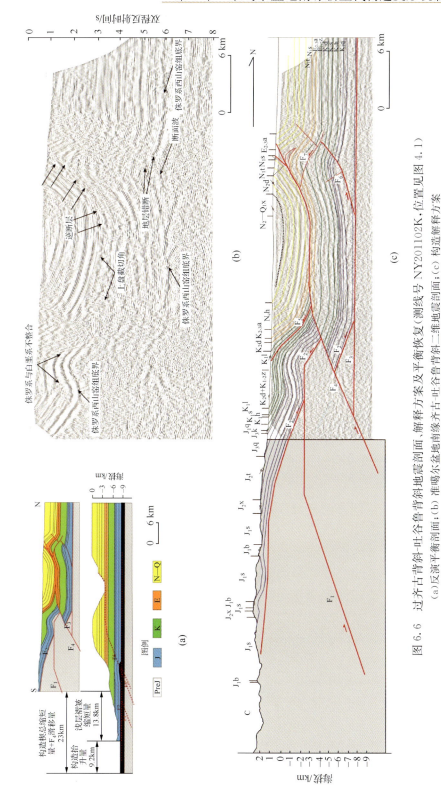

图 6.6　过齐古背斜-吐合鲁背斜地震剖面、解释方案及平衡恢复（测线号 NY201102K，位置见图 4.1）

(a) 反演平衡剖面；(b) 准噶尔盆地南缘齐古-吐合鲁背斜二维地震剖面；(c) 构造解释方案

1. 齐古构造楔正演模型

（1）浅层构造楔发育逆冲断层 F_1 与反冲断层 F_2，构造楔端点位于侏罗系煤层。逆冲断层 F_1 上盘三叠系、古生界向北逆冲抬升，楔入侏罗系底界，断层 F_1 位移量 11km。反冲断层 F_2 沿侏罗系煤层向南逆冲，吸收断层 F_1 全部位移量，盆地未发生变形［图 6.6、图 6.7(b)］。

（2）发育断层 F_3，形成深层构造楔［图 6.7(c)］。断层 F_3 位移量 9km，除了山前褶皱和反冲断层 F_2 吸收部分断层位移量，还有部分断层位移量传播到盆地，形成吐谷鲁背斜［图 6.7(d)］。

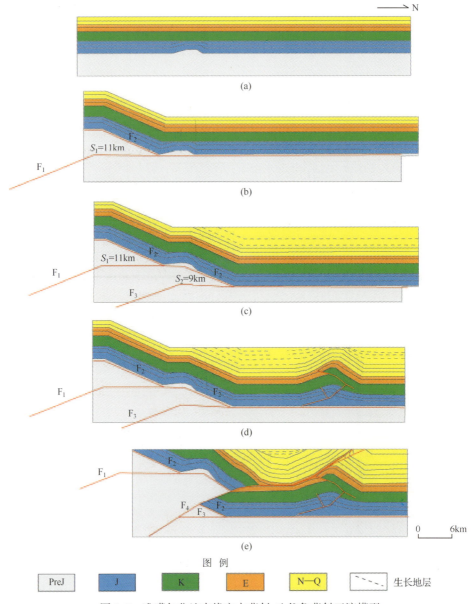

图 6.7 准噶尔盆地南缘齐古背斜-吐谷鲁背斜正演模型

（3）深层构造楔被断层 F_4 突破,构造楔分成上下两部分,下半部分留在断层下盘,上半部分沿断层向北逆冲。突破断层切穿侏罗系、白垩系,沿古近系安集海河组泥岩向北逆冲 10km,出露吐谷鲁背斜南翼,反冲断层 F_2 被切断[图 6.7(e)]。

2. 齐古构造楔反演模型

测线 NY201102K 反演模型结果显示,沿着逆冲断层 F_1、F_3、F_4 依次恢复变形前状态,断层 F_1 位移量为 11km,断层 F_3 位移量为 9km,突破断层 F_4 位移量为 3km,三条逆冲断层至少产生 23km 位移量。通过恢复背斜变形前状态,齐古背斜缩短量 6.3km,吐谷鲁背斜缩短量 7.5km,二个背斜吸收 13.8km 位移量。至少 9.2km 缩短量(23km－13.8km＝9.2km)被构造楔和反冲断层 F_2 吸收[图 6.6(c)]。与喀拉扎不同,齐古山前逆冲断层 23km 位移量至少有 7.5km 传递到盆地腹部,形成吐谷鲁背斜。

地震资料揭示准噶尔盆地南缘山前两种类型构造楔是逐渐过渡的,喀拉扎叠加构造楔位于东端,向西逐渐过渡为齐古断层突破构造楔,两类构造楔之间发育阿克屯背斜、昌吉背斜。突破断层出现在昌吉背斜东端,断层切断深部构造楔,侏罗系被错断,但是没有切穿侏罗系上伏地层(图 6.8)。突破断层由东向西逐渐增大,昌吉背斜西端的突破断层切穿侏罗系、白垩系和古近系,沿古近系安集海河组泥岩向盆地延伸(图 6.9);齐古背斜的突破断层切穿侏罗系、白垩系,沿古近系安集海河组泥岩向北逆冲,出露吐谷鲁背斜南翼(图 6.6);南玛纳斯背斜的突破断层出露玛纳斯背斜南翼(图 6.10)。

3. 南玛纳斯构造楔正演模型

南玛纳斯背斜发育三条断层,背斜南侧发育山前断层,二叠系逆冲覆盖中生界(图 6.10)。背斜下伏发育两条南倾逆冲断层,形成双重构造。深部断层切割古生界,沿侏罗系煤系地层向南滑移,断层上盘发育南玛纳斯背斜、东湾背斜、玛纳斯背斜。浅部断层切过侏罗系、白垩系,沿古近系安集海河组泥岩向北逆冲,将南玛纳斯背斜分成上、下两部分,下半部分留在断层下盘,上半部分向北逆冲抬升,断层出露玛纳斯背斜南翼(图 6.10)。下面通过正演模型展示南玛纳斯背斜发育过程和变形参量。

（1）山前断层发育,二叠系逆冲覆盖中生界[图 6.11(a)]。

（2）发育南玛纳斯深部逆冲断裂,断层切割基底向上逆冲,断裂前端沿侏罗系煤系地层向盆地滑移,断层上盘发育南玛纳斯背斜、东湾背斜、玛纳斯背斜[图 6.11(b)]。南玛纳斯背斜前端发育两排褶皱,说明断层位移量向盆地传播,在盆地中形成新的褶皱。南玛纳斯背斜属于混合型构造楔模型[图 6.11(c)]。

（3）发育霍-玛-吐断裂,南玛纳斯背斜被切割上、下两部分,下半部分留在断层下盘,上半部分沿南倾断层向北逆冲。断层切穿侏罗系、白垩系,沿古近系安集海河组泥岩向北逆冲,出露玛纳斯背斜南翼。南玛纳斯背斜核部发育反向断裂[图 6.11(c)]。

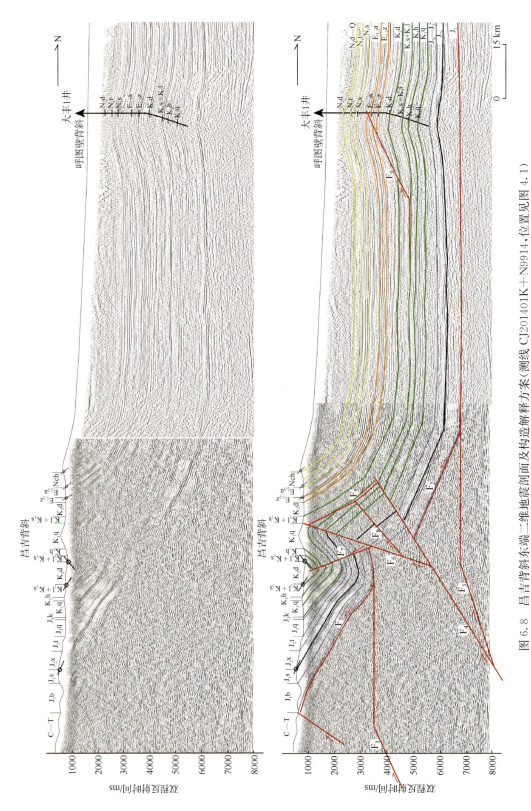

图 6.8　昌吉背斜东端二维地震剖面及构造解释方案（测线 CJ201401K＋N9914·位置见图 4.1）

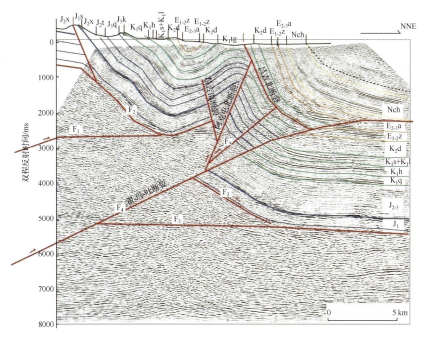

图 6.9　昌吉背斜西端二维地震剖面及构造解释方案（测线 NS200416，位置见图 4.20）

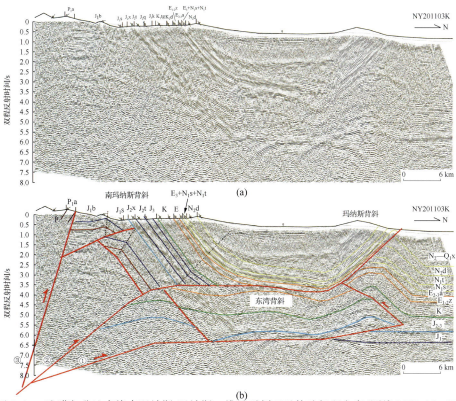

图 6.10　准噶尔盆地南缘南玛纳斯-玛纳斯二维地震剖面及构造解释方案（测线 NY201103K，
位置见图 4.1）

①-南玛纳斯深部断裂；②-霍-玛-吐逆冲断裂；③-山前逆冲断裂

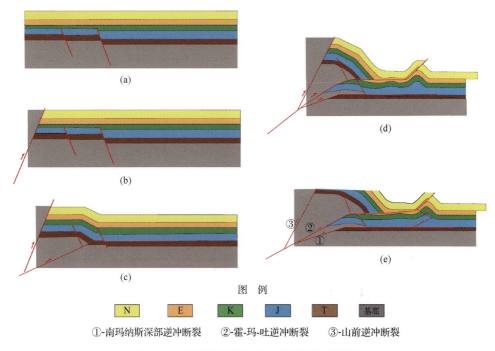

图 例

| N | E | K | J | T | 基底 |

①-南玛纳斯深部逆冲断裂　②-霍-玛-吐逆冲断裂　③-山前逆冲断裂

图 6.11　南玛纳斯背斜-玛纳斯背斜正演模型

4. 南玛纳斯构造楔反演模型

通过恢复断层褶皱变形前状态,南玛纳斯-玛纳斯背斜构造缩短量 25km。南玛纳斯深部逆冲断裂位移量 18km,部分位移量向前陆传播,在盆地形成东湾背斜、玛纳斯背斜,两个背斜吸收 8km 位移量,剩余 10km 位移量(18km－8km＝10km)被构造楔和反冲断层吸收。霍-玛-吐断裂位移量 7km,断层出露玛纳斯背斜南翼(图 6.10)。与齐古-昌吉背斜相似,南玛纳斯背斜山前逆冲断层 25km 的位移量中至少有 8km 传递到盆地腹部,形成东湾背斜、玛纳斯背斜。而且霍-玛-吐断裂将构造楔分割为深浅两部分,下半部分留在断层下盘,上半部分被突破断层抬升改造(图 6.12)。

6.1.3　托斯台-南安集海基底卷入型构造楔

南安集海背斜在整个准噶尔盆地南缘褶皱冲断带更像是一个独立的个体,其背斜走向为 70°左右,与区域主构造线方向的夹角达 30°,并且南安集海背斜的构造样式也与其东边的第一排构造差异明显。图 6.13 展示的是一条过南安集海背斜地震剖面解释方案,表明南安集海背斜为山前浅层构造与盆地深层构造。根据该地区不同剖面对比,可以确定图 6.13 中①为艾卡断裂,艾卡断裂南部的高角度断裂①可能为与艾卡断裂同期或更早的高角度走滑断裂,且该断裂新生代可能在挤压环境下活化。图 6.13 中断裂③为新生代挤压下产生的南倾逆冲断裂,该断裂存在两个分支断裂,且断层传播量很小。图 6.14 展示的是对图 6.13 方案的构造平衡恢复,图中显示该构造楔系统要产生现今的构造抬升量

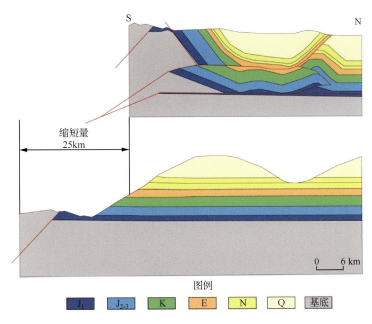

图 6.12　南玛纳斯-玛纳斯背斜反演模型

和浅层褶皱变形需要大约 7km 的构造缩短量。盆地中的两个背斜形态,由于深部地震影像很差,成因未知,但是通过对地震影像清晰的地层作平衡恢复,其产生的构造缩短量也很小,因此可以认为大部分的断层位移量被山前发育的构造抬升吸收。

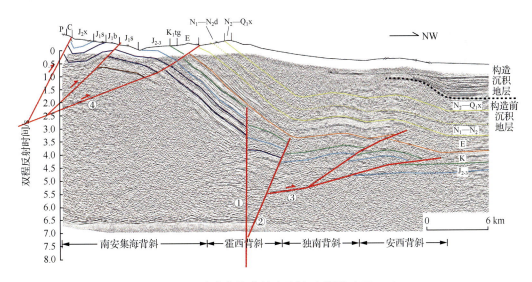

图 6.13　过南安集海背斜地震剖面(测线 AW9805)

①-山前高角度断裂;②-艾卡断裂;③-山南安集海逆冲断裂;④-浅层逆冲断裂

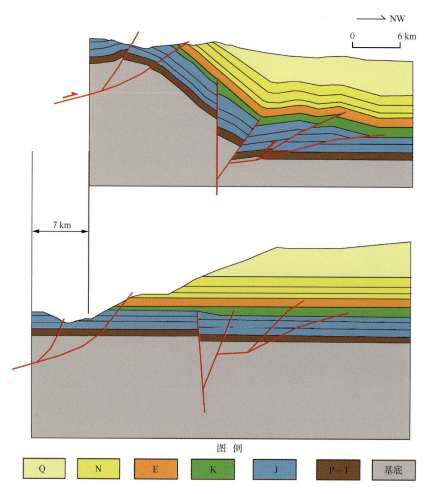

图例

| Q | N | E | K | J | P—T | 基底 |

图 6.14　淮南山前南安集海背斜构造平衡恢复剖面

　　综上所述,南安集海背斜的成因机制为早期走滑构造基础上新生代发育的挤压构造,为不同期次的构造叠加。

　　根据以上分析可以确定南安集海背斜的正演过程:在对过南安集海背斜的测线(图 6.13)作平衡恢复后(图 6.14),发现南安集海山前浅层逆冲断层可能为一条早期断层,新生代再次活化,早期活动时间可能为侏罗纪晚期(图 6.15)。早侏罗世,准噶尔盆地南缘处于拉张环境,在盆地中独山子背斜、西湖背斜、霍尔果斯背斜发育的深部都能发现正断层发育的证据。这期构造到中侏罗世停止,侏罗系中上统厚度不变。此后于晚侏罗世到早白垩世,盆地发育发生一期弱挤压,造成了南安集海背斜北翼的白垩系厚度比盆地中的白垩系厚度小(图 6.15)。此后一直到新近系塔西河组(N_1t)沉积前,准噶尔盆地南缘基本处于构造稳定期,地层基本等厚沉积。新生代以来,青藏高原的隆升的远程效应,造成了古天山的构造活化,开始形成准噶尔盆地南缘前陆褶皱冲断带。从 20.1Ma—早更新世,在山前发育了基底卷入型的挤压构造,造成山前地层的抬升剥蚀,并造成盆地中正断层的反转。随着挤压的持续,从早更新世到现今,在盆地中形成了独山子等背斜,进一步剥蚀抬升,形成南安集海-独山子背斜现今的构造格局(图 6.15)。

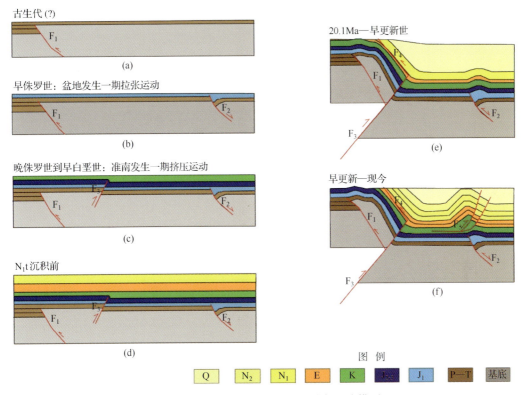

图 6.15　南安集海背斜-独山子背斜正演模型

托斯台地区中生界变形强烈,发育紧闭褶皱和平卧褶皱,根据托六井钻井资料,浅层 0～3000m 深度发育 2～3 个中生界断片,下伏古生界基底。托斯台构造下伏发育多期逆冲断层,造成基底和盖层抬升。与山前出露的小规模中生界褶皱相比,托斯台北翼出露 10km 宽的新生界单斜构造。这套连续完整北倾地层与凹陷未变形同时代地层连接,据此可以推测新生界抬升量为 7～8km。如此规模的变形显然与地表出露的中生界褶皱不是同一个级别。因此,托斯台经历中生代、新生代二期变形,新生代变形规模远超中生代(图 6.16)。

托斯台正演示意模型:图 6.17 展示了托斯台-西湖背斜构造剖面的演化过程,可以直观地认识构造的形成过程。首先,侏罗纪时山前存在两期叠加的逆冲构造,造成侏罗系的错断,并形成中生代向斜构造;新生代挤压构造环境下,托斯台上部逆冲断裂从基底向上逆冲,将早期的中生代构造抬升[图 6.17(a)];挤压作用持续下,之后又先后发育托斯台中部、深部逆冲断裂,多期逆冲断裂形成典型的前列式叠加构造,造成山前强烈构造隆升;而且导致托斯台北翼的大型单斜构造形成的主要断裂为托斯台深部逆冲断裂;随着深部断层位移量的向前传递,构造挤压量向盆地方向传播;在西湖背斜白垩系内部发育西湖逆冲断裂,断裂向上切入至新生代地层后消失,形成断层传播褶皱类型的西湖背斜;同时西湖深部断裂在新生代挤压环境下,向上逆冲,形成西湖深部背斜[图 6.17(b)];山前逆冲断裂和托斯台中部、上部逆冲断裂的产生的早期构造后期被整体抬升,造成山前构造呈多期

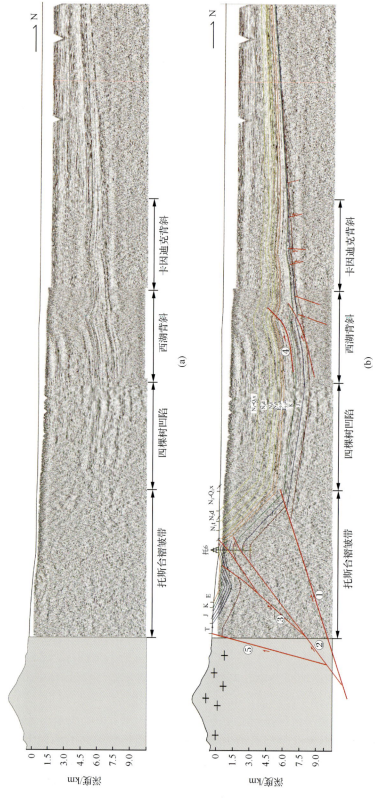

图 6.16 托斯台-西湖背斜地震剖面及解释方案（TS200305＋A9122＋A9066＋AH200007 测线，位置见图 6.1）
①-托斯台深部逆冲断裂；②-托斯台中部逆冲断裂；③-托斯台上部逆冲断裂；④-西湖逆冲断裂；⑤-山前逆冲断裂

构造叠加,地表浅层构造遭受剥蚀后形成现今的剖面构造形态[图 6.17(c)]。

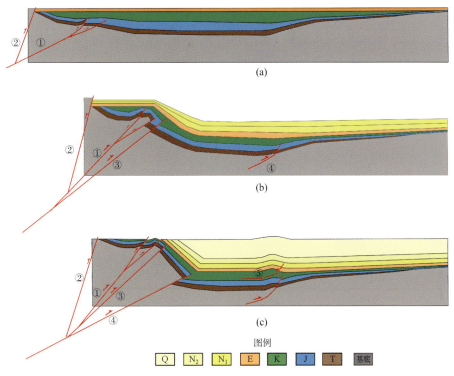

图例
| Q | N₂ | N₁ | E | K | J | T | 基底 |

图 6.17　托斯台-西湖背斜正演示意图

①-托斯台上部逆冲断裂;②-山前逆冲断裂;③-托斯台中部逆冲断裂;④-托斯台深部逆冲断裂;⑤-西湖逆冲断裂

6.2　准噶尔盆地南缘凹陷构造变形机制

　　准噶尔盆地南缘凹陷发育霍-玛-吐背斜带、安集海背斜-呼图壁背斜带、独山子背斜-西湖-卡东-卡因迪克背斜带。由于南缘盆地中存在多套的构造软弱层(泥岩、煤系地层、油页岩等),造成盆地构造垂向上的构造分层性;构造滑脱层层位在走向上有由老变新的趋势,以及古边界、古构造在走向上的分布差异,共同造成盆地构造在走向上的分段性。准南盆地构造主要发育的构造类型有断层转折褶皱、断层传播褶皱、滑脱褶皱、正断层反转构造以及次级调节构造楔。盆地中的构造往往由以上构造类型的两种或两种以上叠加复合而成。以下将分带、分段详细论述准噶尔盆地南缘凹陷的构造变形机制。

6.2.1　霍-玛-吐背斜带变形机制

　　霍-玛-吐背斜存在三套软弱层:侏罗系中下统的煤层、白垩系吐谷鲁群(K₁tg)泥岩、古近系安集海河组(E₂₋₃a)泥岩。地震资料显示,霍-玛-吐背斜带深部侏罗系西山窑组底界存在地层高差,并且从西向东呈现高差减小的趋势,在霍尔果斯背斜底部高差最大,达到 1~1.5km。形成高差的原因是侏罗系早期存在断陷。吐谷鲁背斜深部中生代断陷消失(图 6.18)。深部断陷影响褶皱类型差异,霍尔果斯背斜和玛纳斯背斜深部,沿侏罗系

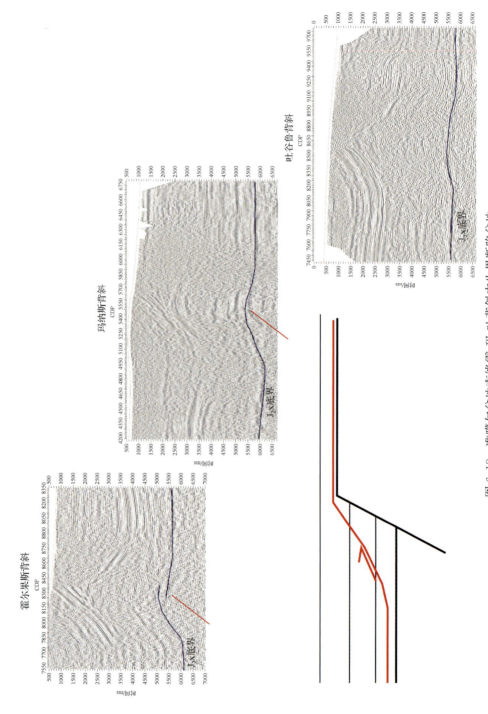

图 6.18　准噶尔盆地南缘霍-玛-吐背斜中生界断陷盆地

霍尔果斯-玛纳斯背斜下伏存在中生代断陷，侏罗系底界向南下降，高度差达到 1～1.5km。吐谷鲁背斜下伏不发育中生代断陷。霍尔果斯-玛纳斯深部侏罗系滑脱断层向北扩展，遇到正断层阻挡向上跃升，发育台阶状断层转折褶皱。吐谷鲁深部没有正断层阻挡，侏罗系滑脱断层近于水平，发育滑脱褶皱。

煤层滑脱的断层遇到正断层阻挡,向上跃升到更高层位,形成台阶状的逆断层,发育台阶状断层转折褶皱(图 6.19)。吐谷鲁背斜深部,不存在先存的正断层阻挡,侏罗系滑脱断层近于水平,煤层在背斜核部聚集,发育滑脱褶皱。霍-玛-吐背斜浅层发育两套滑脱层:白垩系吐谷鲁群(K_1tg)泥岩、古近系安集海河组($E_{2-3}a$)泥岩。霍-玛-吐断裂沿古近系滑脱,断层出露于霍-玛-吐背斜南翼,发育断层传播褶皱(图 6.19)。夹在浅层古近系滑脱层和深部侏罗系滑脱层之间的白垩系滑脱层起到调节作用,这种构造现象出现于软硬岩层相间的多套滑脱层变形,造成刚性岩层重复和软弱岩层加厚(图 6.20)。

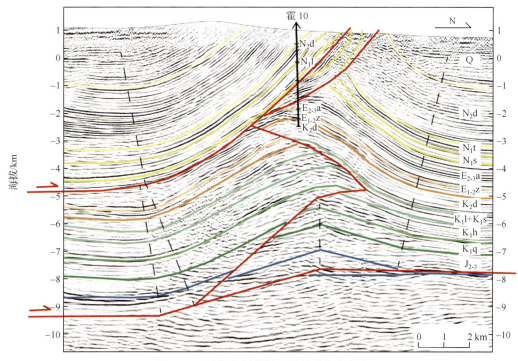

图 6.19　霍尔果斯背斜三维地震解释方案

深部沿侏罗系煤层发育台阶状断层和断层转折褶皱,浅层沿古近系泥岩发育逆冲断层和断层传播褶皱

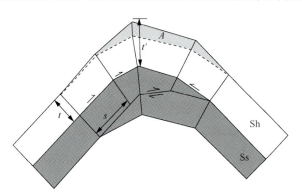

图 6.20　软硬岩层相间地层褶皱核部楔形调节断层模型

软硬岩层相间地层发生褶皱,背斜核部刚性岩层 Ss 发育逆断层,软弱岩层通过地层加厚吸收断层位移量,
软弱岩层厚度从原来的厚度 t 增加到厚度 t',增加面积 A(据 Mitra,2002)

6.2.2 独山子背斜变形机制

独山子背斜发育位置与第三排背斜带的安集海背斜和呼图壁背斜基本属于同一纬度带,但是独山子背斜的构造样式及形成机制却与安集海背斜和呼图壁背斜具有很大的差异。

独山子背斜垂向上可以分为深、浅两套构造,浅层是断层传播褶皱,深层是走滑构造(图 6.21)。白垩系、古近系、新近系卷入断层传播褶皱,中生界发育走滑构造,二者的变形机制完全不同,变形时间也不相同。独山子背斜前翼多条高陡断层切割,断层上陡下缓,向南归并到白垩系泥岩滑脱断层。高陡断层上盘发育断层传播褶皱,背斜两翼高陡,后翼长前翼短,断层断距向上变小,断层位移量被背斜吸收(图 6.22)。由于第四系卷入变形,而且断层出露于独山子背斜北翼,所以断层传播褶皱的形成时间是第四纪。独山子背斜深部发育走滑构造,根据地层资料及地震影像,发现存在早白垩系断陷,上覆被晚白垩系覆盖(图 6.21)。晚期走滑断层受到新生代挤压发生构造活化,发育分支挤压断裂将新生代地层错断。由此推断,早白垩世独山子地区发育断陷盆地而且可能是与走滑相关的断陷构造,新生代断陷盆地受到挤压,发生构造叠加,形成深、浅层不同的构造类型。

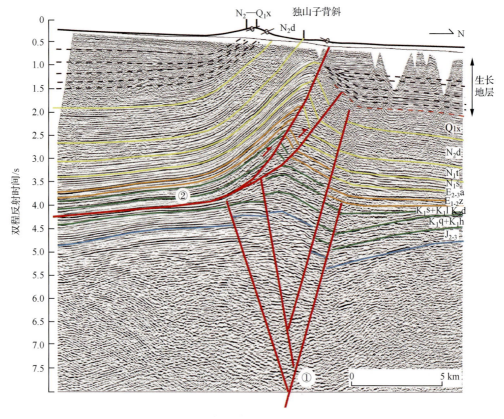

图 6.21 独山子背斜地震解释剖面(测线 DS201101K)
①-独山子深部断裂;②-独山子逆冲断裂

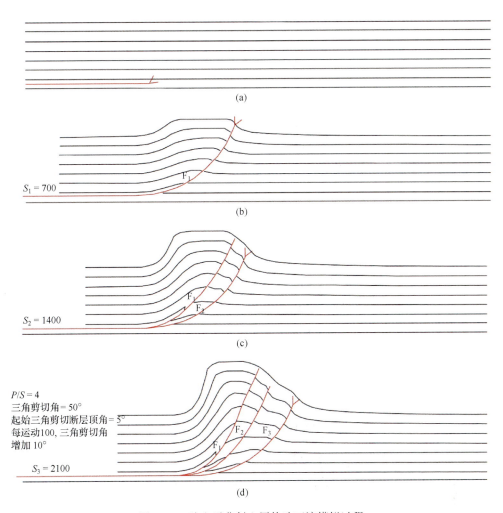

图 6.22 独山子背斜上层构造正演模拟过程

6.2.3 西湖背斜-卡东背斜-卡因迪克背斜变形机制

西湖背斜、卡东背斜、卡因迪克背斜雁列式排列于艾卡断裂西侧(图 6.23)。NW 走向的艾卡断裂是一条走滑断层,位于车排子凸起边缘。西湖背斜、卡东背斜和卡因迪克背斜的排列方式是否与艾卡断裂有关? 西湖背斜侏罗系顶界构造图显示,背斜轴向和西湖北断裂走向为 NWW 向,与 NW 走向艾卡断裂斜交,夹角 35°(图 6.24)。艾卡断裂是早期活动的断层,现今准噶尔盆地南缘南北向挤压与艾卡断裂斜交,夹角为 30°~40°。Paul 和 Mitra(2012)通过物理模拟实验,研究早期断层受到晚期挤压发生的变形。晚期挤压方向与早期断层斜交影响断层的位移方式。晚期挤压方向与早期断层之间夹角为 15°~30°,早期(先存)断层剪切分量很小,晚期挤压方向与早期断层之间夹角为 45°,早期(先存)断层剪切分量明显增大(图 6.25)。表明当晚期挤压方向与早期(先存)断层夹角超过30°,早期(先存)断层发生剪切变形。准噶尔盆地南缘现今挤压应力方向与先存的艾卡断裂夹角为 35°~40°,依据 Paul 和 Mitra(2012)的物理模拟结果,艾卡断裂晚期发生剪切变

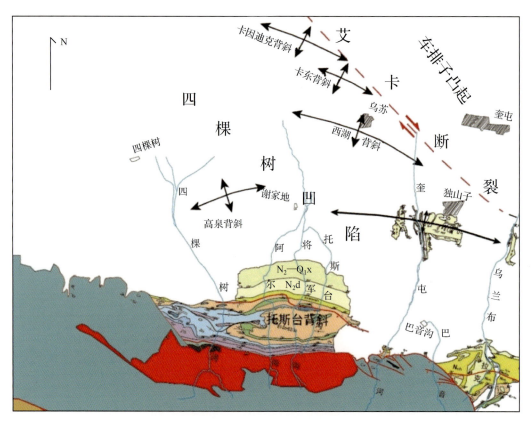

图 6.23　西湖背斜、卡东背斜和卡因迪克背斜分布图

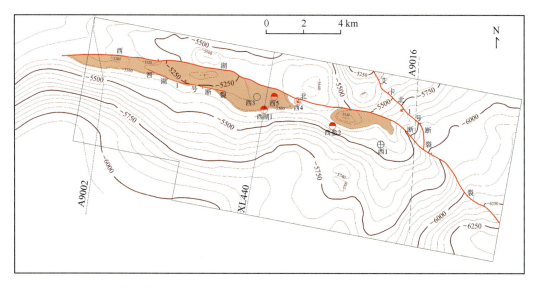

图 6.24　四棵树凹陷西湖背斜侏罗系顶界构造图（西湖背斜与艾卡断裂斜交，夹角为 35°）

形。西湖背斜、卡东背斜、卡因迪克背斜轴向与艾卡断裂斜交，指示艾卡断裂发生右行走滑位移（图 6.23）。先存艾卡断裂与现今准噶尔南缘挤压应力斜交，造成西湖背斜、卡东

背斜、卡因迪克背斜雁列式排列,而且这些背斜表现为简单剪切型断层转折褶皱。断层上盘地层发生层间位移,单个地层位移量很小,断层倾角大于断层上盘地层倾角(图 6.26)。

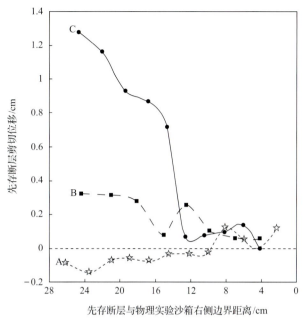

图 6.25　晚期挤压方向对早期(先存)断层位移的影响(Paul and Mitra,2012)

正值代表向沙箱左侧剪切位移,负值代表向沙箱右侧剪切位移。A 挤压应力方向与先存断层存在 15°夹角;B 挤压应力方向与先存断层存在 30°夹角;C 挤压应力方向与先存断层存在 45°夹角。当夹角为 15°~30°时,先存断层剪切位移量很小,停留在 0 值附近;夹角为 45°时,向沙箱左侧剪切位移明显增大

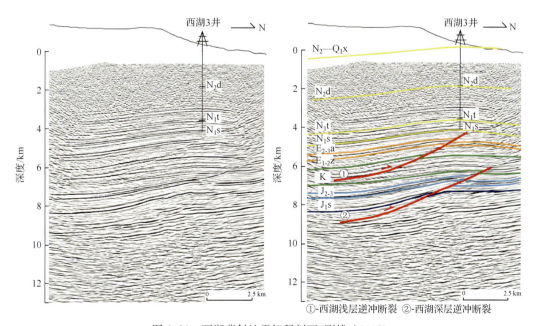

图 6.26　西湖背斜地震解释剖面(测线 A9002)

简单剪切型断层转折褶皱,断层上盘地层发生层间位移,单个地层位移量很小,断层倾角大于断层上盘地层倾角

6.3 准噶尔盆地南缘新生代构造变形时间与序列

6.3.1 准噶尔盆地南缘新生代构造变形时间

新生代印度板块与欧亚板块的碰撞,引发天山再次隆升和山麓冲断褶皱变形(Molnar and Tapponnier,1975)。准噶尔盆地南缘位于天山北麓,新生代构造变形时间至今存在争议,提出渐新世、中新世、第四纪的变形时代观点(Avouac et al.,1993;Hendrix et al.,1994;Metivier and Gaudemer,1997;Burchfiel,1999;Dumitru et al.,2001;Bullen et al.,2001;Sobel et al.,2006;Heermance et al.,2007;Ji et al.,2008;Wang et al.,2013)。天山山前新生界陆相沉积缺少化石,不发育火山岩浆活动,所以磁性地层和低温年代学是可行的定年手段。天山低温年代学数据显示,天山新生代隆升时间发生在渐新世(24Ma)(Hendrix et al.,1994),天山北翼中生界经历4~5km剥蚀。天山北翼奎屯河剖面、金沟河剖面磁性地层柱揭示,天山北麓新生界经历16~15Ma、11~10Ma两期隆升/剥蚀过程(Charreau et al.,2005,2009),塔西河剖面磁性地层柱揭示,盆地7Ma沉积磨拉石,推断变形发生在中新世(Sun et al.,2004)。

准噶尔盆地南缘新生界齐全,沉积5~7km的陆相地层,沉积速率与山脉隆升剥蚀速率呈正相关。陆内山脉盆地沉积速率变化影响因素繁多,陆内山脉沿走向发育沉积扇,造成地层厚度横向差异巨大,某个点的沉积速率不能代表盆地沉积速率。山脉断层活动速率也会影响相邻盆地沉积速率,造成局部沉积速率的变化。气候变化也会影响地层沉积速率变化,需要区别构造隆升和气候变化产生的不同影响。因此利用沉积速率推断构造隆升时间要小心谨慎(Charreau et al.,2009)。生长地层(growth strata)或同构造沉积地层(syn-kinematic strata),是与构造变形同期沉积的地层,沉积于褶皱两翼,记录褶皱活动过程。生长前地层(pre-growth strata 或 pre-kinematic strata)是构造变形前已经沉积的地层,由于不受下伏断裂和褶皱的影响,生长前地层厚度保持不变(图6.27中灰色地层)。生长地层受到下伏断裂和褶皱的影响,地层向构造相对抬升一侧减薄,地层倾角由深至浅逐渐变缓,形成扇状生长地层(图6.27中彩色地层)。生长地层底界指示构造变形起始时间,生长地层形态反映构造抬升速率(Ru)、沉积速率(Rs)、侵蚀速率(Re)三种因素作用(Suppe et al.,1992;Ford et al,1997;Suppe et al.,1997;陈杰等,2001)。退覆型和超覆型生长地层是三种因素作用产生的两个端元类型。超覆型生长地层发生在沉积速率(Rs)大于构造抬升速率(Ru)环境,新地层覆盖老地层,发育上超沉积现象。退覆型生长地层发生在构造抬升速率(Ru)大于沉积速率(Rs)环境,老地层被抬升剥蚀,发育下削沉积现象,新地层不整合覆盖老地层(图6.27)。

准噶尔盆地南缘沉积不同时代的生长地层,通过确定生长地层的层位和时代,可以确定断层褶皱活动时间,还可以根据生长地层形态特征,推断构造变形速率(Suppe et al.,1992;Shaw et al.,2005)。准噶尔盆地南缘山前沉积侏罗系、新生界生长地层,白垩系不整合覆盖侏罗系,山前存在中生代、新生代两期变形。山前凹陷霍-玛-吐背斜两翼沉积新近系生长地层,独山子-安集海背斜两翼沉积上新统-全新统生长地层,盆地变形发生在新近

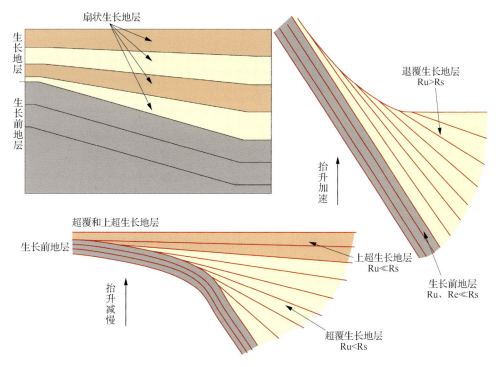

图 6.27　褶皱生长地层模型(据 Suppe et al.，1992，1997；Ford et al，1997)

纪—第四纪(图 6.28)。下面我们通过生长地层分布情况，结合古地磁地层剖面和年龄数据(Sun et al.，2004；Sun and Zhang 2009；Charreau et al.，2009)，阐述准噶尔盆地南缘新生代构造时间与变形序列。

1. 吐谷鲁背斜

吐谷鲁背斜出露塔西河两岸，渐新统安集海组($E_{2-3}a$)位于背斜核部，两翼对称出露中新统沙湾组(290m)、中-上新统塔西河组(1740m)、独山子组(620m)、更新统西域组(2000m)。吐谷鲁背斜北翼出露 5km 新生界，采集 551 块古地磁样品，建立吐谷鲁新生界磁性地层柱(图 6.29)(Sun et al.，2004)。与国际地层古地磁年代表对比，结合西域组底部发现三门马化石，推断更新统西域组(Q_1x)底部古地磁年龄 2.58Ma，中新统沙湾组(N_1s)底部古地磁年龄 23Ma(图 6.30)(Sun and Zhang，2009)。沉积岩相分析发现中新统沙湾组—塔西河组沉积湖相泥岩，碎屑颗粒有向上变粗，塔西河组顶部出现灰色砾岩和淡褐色粉砂岩互层，砾石层几米至几十米厚不等，属于早期磨拉石沉积。野外观测发现吐谷鲁北翼中新统沙湾组—塔西河组高陡，地层倾角为 82°～85°，塔西河组顶部地层倾角变缓，上新统独山子组—更新统西域组倾角 75°逐渐变为 15°(图 6.31)(Sun et al.，2004)。由此推断吐谷鲁背斜北翼沉积生长地层，中新统层厚不变，属于构造变形前沉积地层，上新统倾角变缓，出现磨拉石沉积，地层向南减薄，地层倾角由深至浅逐渐变缓，表现为退覆型生长地层(图 6.27、图 6.31)。生长地层底界位于中新统塔西河组顶部，古地磁年龄 6Ma(图 6.31 红色虚线)。上新统独山子组—更新统西域组向南减薄，形成楔形状生长地层(图 6.31)。

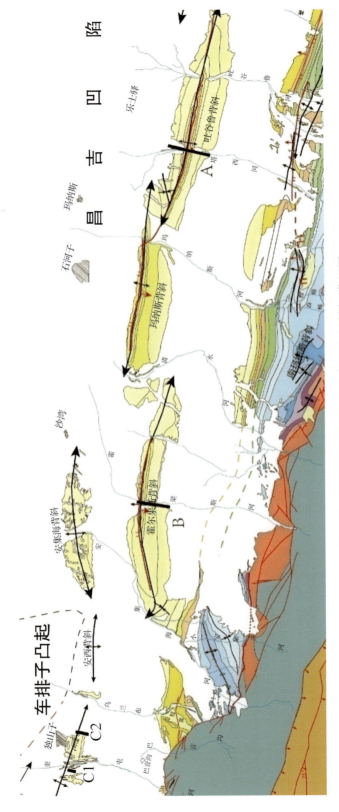

图 6.28　准噶尔盆地南缘新生界古地磁地层剖面位置图
A 吐谷鲁背斜剖面；B 霍尔果斯背斜剖面；C1～C2 独山子背斜剖面

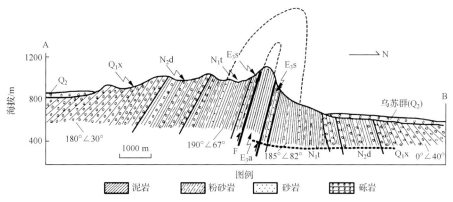

图 6.29 吐谷鲁背斜新生界地质剖面(剖面位置见图 6.28,虚线标注古地磁剖面位置,
引自 Sun and Zhang,2009)

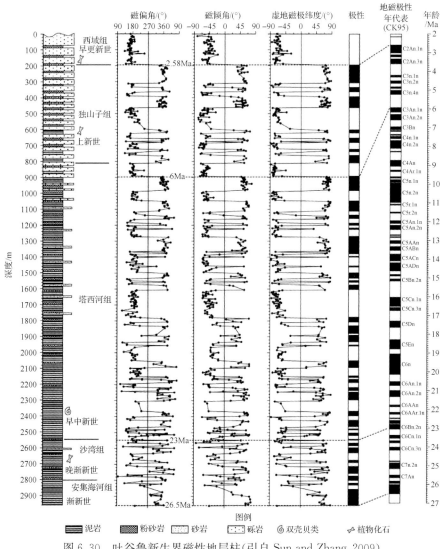

图 6.30 吐谷鲁新生界磁性地层柱(引自 Sun and Zhang,2009)

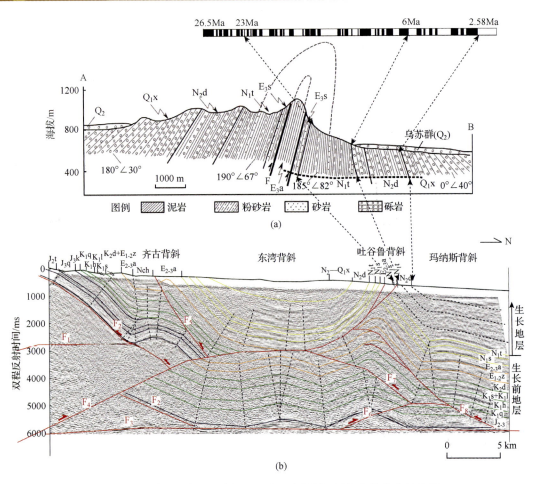

图 6.31　吐谷鲁背斜地震剖面和生长地层层位(黑色虚线是生长地层)

虚线标注古地磁剖面位置,古地磁年代数据引自 Sun and Zhang,2009

吐谷鲁背斜南翼被霍-玛-吐断层突破,断层切割吐谷鲁背斜,由此推断吐谷鲁背斜形成于中新世晚期(6Ma),随后被霍-玛-吐断层破坏。

2. 霍尔果斯背斜

霍尔果斯背斜出露金沟河两岸,渐新统安集海组(E$_3$a)位于背斜核部,两翼出露中新统沙湾组、塔西河组、上新统独山子组、更新统西域组。Charreau 等(2009)在霍尔果斯背斜南翼新生界采集 453 块古地磁样品,建立霍尔果斯新生界磁性地层柱,与国际地层古地磁年代表对比,结合独山子组发现高齿兽(*Hypsodonthus* sp.)化石,推断中新统沙湾组底部古地磁年龄 23.6Ma、塔西河组 20.1Ma、上新统独山子组 16Ma、更新统西域组 7.5Ma(?)(图 6.32)。霍尔果斯新生界沉积速率经历 16～15Ma、11～10Ma 两期变化:中新世早期(23～15Ma)沉积速率恒定,物源没有发生较大变化;16～15Ma 沉积速率加速,达到两倍规模,11～10Ma 沉积速率再次加速。由于沉积速率突然发生变化,而不是逐渐增加,反映构造隆升脉动式跃升,不同于气候变化产生的缓慢长期变化。

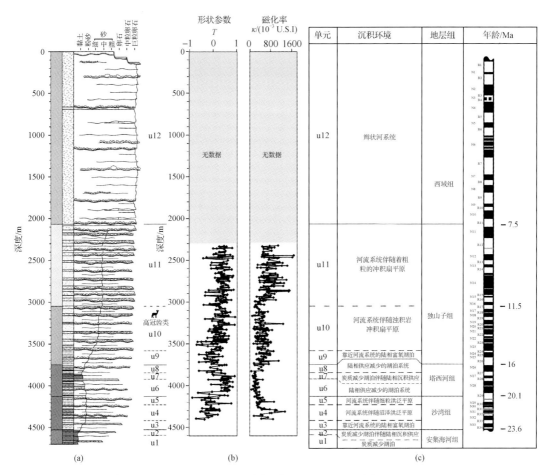

图 6.32　霍尔果斯新生界磁性地层柱(剖面位置见图 6.27,引自 Charreau et al., 2009)

霍尔果斯背斜南侧凹陷沉积生长地层,生长地层划分为 D1、D2、D3、D4 四层(图 6.33)。D1 层底界位于中新统塔西河组底部,古地磁年代 20Ma。D1 下伏地层厚度不变,属于构造变形前沉积地层。D1 地层厚度向南减薄,地层倾角由深至浅逐渐变缓,反映山前凹陷南侧隆升,沉积地层被削蚀,表现为退覆型生长地层[图 6.27、图 6.33(b)]。D1 生长地层被 D2 层不整合覆盖,D2 层底界位于上新统独山子组顶部,古地磁年代 7.5Ma。山前凹陷南侧发育中新统塔西河组—上新统独山子组生长地层,地质年代为 20～7.5Ma。凹陷北侧同期地层没有出现明显厚度变化,地表出露中新统塔西河组—上新统独山子组倾角也没有变化,表明同期生长地层并未出现在凹陷北侧(图 6.33)。山前凹陷沉积 D3、D4两期生长地层,D3 不整合面南北端翘起,南端 D3 不整合面北倾,覆盖下伏北倾地层,下伏地层倾角大于 D3 不整合面。北端 D3 层与下伏地层呈整合接触,地层向南倾,表明此时山前凹陷两端发生隆起。

霍尔果斯背斜属于复合型背斜,分为深、浅两套褶皱,浅层背斜位于霍-玛-吐断裂上盘,深层背斜位于阶梯状断层上盘。霍尔果斯背斜南北两翼发育生长地层,南翼是更新统西域组(图 6.33),北翼是上新统独山子组。由此推断霍尔果斯背斜发生两期变形,背斜

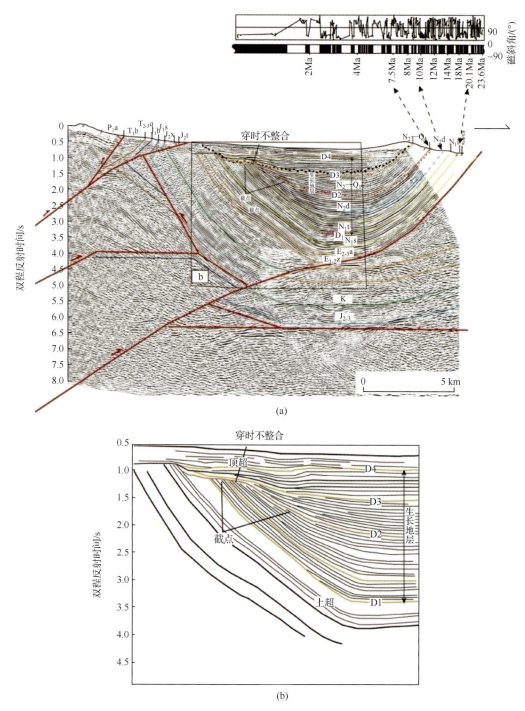

图 6.33 霍尔果斯背斜生长地层解释剖面(古地磁年代引自 Charreau et al.，2009)

(a) 霍尔果斯背斜地震剖面解释方案；(b) 霍尔果斯背斜南侧凹陷生长地层模型

前翼生长地层位于上新统独山子组的下部,背斜变形始于 16Ma(图 6.32),背斜南翼生长地层位于更新统西域组(2.58Ma),背斜被霍-玛-吐断裂切割发生在上新世晚期—更新世(图 6.33)。

3. 独山子背斜

独山子背斜出露于奎屯河两岸,背斜核部出露中新统塔西河组泥岩,两翼出露上新统独山子组砂岩和砾岩、更新统西域组 1700m 厚深灰砾-巨砾砾岩,底部发现三门马化石。sun 等(2004)沿独山子背斜奎屯河剖面采集新生界古地磁样品,建立独山子新生界磁性地层柱,与国际地层古地磁年代表对比,结合更新统西域组发现的三门马化石,推断中新统塔西河组底部古地磁年龄 8.7Ma、上新统独山子组 5.3Ma、更新统西域组 2.58Ma(图 6.34)。沉积岩相分析发现中新统塔西河组顶部出现淡褐色砂岩和灰色砾岩,砾石层

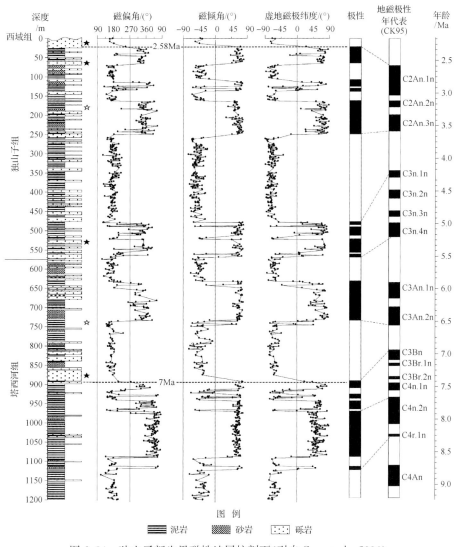

图 6.34　独山子新生界磁性地层柱剖面(引自 Sun et al.,2004)

几米至几十米厚不等,上新统独山子组出现大套砾岩、属于磨拉石沉积,由此推断中新世晚期沉积环境发生变化。

独山子背斜南北两翼发育生长地层,背斜南翼生长地层底界位于中新统塔西河组顶部(7Ma),早期的生长地层向背斜顶部减薄趋势不明显,更新统西域组生长地层明显向背斜顶部减薄(2.58Ma),表明独山子背斜隆升发生在更新世以来。独山子背斜北翼发育退覆型生长地层,背斜抬升速率大于沉积速率(图6.35)。由此推断独山子背斜经历两期变形,上新世独山子背斜深部发生构造反转,正断层转变为逆断层,侏罗系断陷发育低幅度背斜。由于变形强度低,构造隆升不明显,生长地层不发育;更新世发育南倾逆冲断层,断层上盘白垩系—新生界发生褶皱,形成两翼地层高陡的断层传播褶皱,背斜两翼沉积向背斜顶部减薄的同构造生长地层。

6.3.2 准噶尔盆地南缘新生代构造变形时序

准噶尔盆地南缘新生代构造变形序列属于"前展式",山前变形时间最早,第二排霍-玛-吐背斜带次之,第三排安集海-独山子背斜形成最晚。虽然三排构造发育顺序在走向上有差异,但是具有明显的"前展式"构造演化序列(表6.1)。断层发育顺序不仅影响构造样式和变形机制,而且对油气圈闭形成也具有重要意义,甚至对油气的成熟和运移通道的发育起到至关重要的作用。

表6.1 准噶尔盆地南缘褶皱冲断带三排构造变形时间

褶皱冲断带	褶皱名称	变形时间/Ma	变形判别证据	变形时代依据
第一排	山前隆起	20	山前凹陷生长地层	Charreau et al., 2009
第二排	霍尔果斯背斜	16	背斜两翼生长地层	Sun et al., 2007
第二排	吐谷鲁背斜	6	背斜北翼生长地层	Sun and Zhang, 2009
第三排	安集海背斜	0.73	背斜北翼生长地层	Sun et al., 2004
第三排	独山子背斜	2.58	背斜南翼生长地层	Sun et al., 2004

印度板块向欧亚板块俯冲碰撞的远程效应,造成天山重新隆升,准噶尔盆地南缘发育逆冲推覆构造。山前构造变形始于中新世(20Ma),形成喀拉扎背斜、阿克屯背斜、昌吉背斜、齐古背斜。准噶尔盆地南缘山前齐古-南安集海发育白垩系/侏罗系、古近系/白垩系角度不整合,托斯台发育侏罗系生长地层,这些早期变形遗迹被抬升到地表,出露于山前。因此准噶尔盆地南缘山前出露中生代构造残余,例如,南玛纳斯背斜、南安集海背斜、托斯台背斜,也发育喀拉扎背斜、阿克屯背斜、昌吉背斜、齐古背斜这类新生代褶皱。

第二排霍-玛-吐背斜带经历多阶段构造变形。山前断层位移量向盆地传递,形成霍-玛-吐背斜带。背斜下伏断层与山前逆冲断层是同一条断层,断层在盆地近于水平,沿侏罗系底部煤层滑脱,断层上盘发育滑脱褶皱。由于霍-玛-吐背斜带下伏断层与山前逆冲断层是同一条断层,应该同时发生变形,但是背斜两翼沉积的生长地层是晚中新世(10~6Ma),推断盆地第二排背斜形成时代要晚于山前变形时间。霍-玛-吐断层发育于更新世(2.58Ma),断层切割霍-玛-吐背斜带,背斜两翼沉积更新统—全新统生长地层。

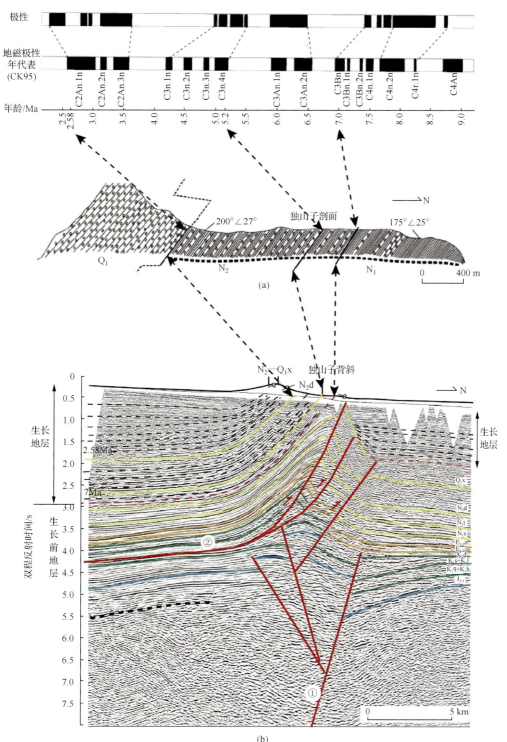

图 6.35　独山子背斜生长地层解释剖面(地质剖面位置见图 6.27,古地磁年代数据
引自 Sun et al.,2004,2007)

①-独山子深部断裂;②-独山子逆冲断裂

　　第三排安集海-独山子背斜发育最晚，也经历多阶段构造变形。独山子背斜、西湖背斜、霍尔果斯背斜、呼图壁背斜深层发育侏罗纪断陷，随后被白垩系和古近系覆盖。晚中新世(10～6Ma)盆地发生构造反转，正断层转变为逆断层，侏罗系断陷发育低幅度背斜。更新世发育南倾逆冲断层，断层上盘白垩系-新生界发生褶皱，形成两翼地层高陡的安集海-独山子背斜。

参 考 文 献

陈杰，卢演俦，丁国瑜. 2001. 塔里木西缘晚新生代造山过程的记录——磨拉石建造及生长地层和生长不整合. 第四纪研究，21(06):528-539.

陈书平，漆家福，于福生，等. 2007. 准噶尔盆地南缘构造变形特征及其主控因素. 地质学报，81(2):151-157.

邓启东，冯先岳，尤慧川，等. 1991. 天山独山子-安集海活动逆断裂-褶皱带的变形特征及其形成机制. 活动断裂研究，1:17-36.

邓启东，冯先岳，张培震，等. 1999. 乌鲁木齐山前坳陷逆断裂-褶皱带及其形成机制. 地学前缘，6(4):191-201.

邓启东，冯先岳，张培震，等. 2000. 天山活动构造. 北京:地震出版社，1-415.

董臣强，孙自明，洪太元. 2007. 准噶尔盆地南缘前陆褶皱冲断带构造滑脱层厘定. 石油实验地质，29(2):138-142.

管树巍，李本亮，何登发，等. 2007. 晚新生代以来天山南、北麓冲断作用的定量分析. 地质学报，81(6):725-744.

管树巍，李本亮，何登发，等. 2009. 构造楔形态的识别与勘探-以准噶尔盆地南缘为例. 地学前缘，16(3):129-137.

管树巍，张朝军，何登发，等. 2006. 前陆冲断带复杂构造解析与建模-以准噶尔南缘第一排背斜带为例. 地质学报，80(8):1131-1140.

胡霭琴，章振根，刘菊英，等. 1986. 天山东段中天山隆起带前寒武纪变质岩系时代及演化——据 U-Pb 年代学研究[J]. 地球化学，(1):23-35.

况军，朱新亭. 1990. 准噶尔盆地南缘托斯台地区构造特征及形成机制. 新疆石油地质，11(2):95-101.

李本亮，管树巍，陈竹新，等. 2010. 断层相关褶皱理论与应用-以准噶尔盆地南缘地质构造为例. 北京:石油工业出版社.

李世琴，汪新，陈宁华. 2009. 南天山库车秋里塔格中段构造变形特征和变形机理. 地质科学，44(3):945-956.

卢华复，贾承造，贾东，等. 2001. 库车再生前陆盆地冲断构造楔特征. 高校地质学报，7(3):257-271.

彭天令，闫桂华，陈伟，等. 2008. 准噶尔盆地南缘霍玛吐构造带特征. 新疆石油地质，29(2):191-194.

新疆地质局，新疆石油管理局. 1977. 新疆维吾尔自治区区域地层表(第一册)[R]新疆:乌鲁木齐.

张良臣，吴乃元. 1985. 天山地质构造及演化史. 新疆地质，3(03):1-14.

张培震，邓启东，徐锡伟，等. 1994. 天山北麓玛纳斯活动逆断裂-褶皱带的变形特征与构造演化. 北京:地震出版社.

张培震，邓起东，杨晓平，等. 1996. 天山的晚新生代构造变形及其地球动力学问题. 中国地震，12(2):127-140.

赵俊猛，黄英，马宗晋，等. 2008. 准噶尔盆地北部基底结构与属性问题探讨[J]. 地球物理学报，51(6):1767-1775.

赵俊猛，李植纯，程宏岗，等. 2004. 天山造山带岩石圈密度与磁性结构研究及其动力学分析[J]. 地球物理学报，47(6):1061-1067.

赵俊猛，张先康，赵国泽，等. 1999. 不同构造环境下的壳-幔过渡带结构[J]. 地学前缘，6(3):165-171.

Allen M B, Windley B F, Zhang C, et al. , 1991. Basin evolution within and adjacent to the Tianshan range, NW China. Journal of the Geological Society，148(2):369-378.

Allmendinger R W. 1998. Inverse and forward numerical modeling of trishear fault-propagation folds. Tectonics，17(4): 640-656.

Allmendinger R W, Zapata, T R, Manceda R, et al. 2004. Trishear kinematic modeling of structures, with examples from the neuquén basin, argentina. AAPG Memoir，82(82): 356-371.

Avouac J P, Tapponnier P T, Bai M, et al. 1993. Active thrusting and folding along the northern Tien Shan and late Cenozoic rotation of the Tarim relative to Dzungaria and Kazakhstan[J]. Journal of Geophysical Research，98(B4): 6755-6804.

Avouac J P, Tapponnier P. 1993. Kinematic model of active deformation in central Asia. Geophysical Research Letters 20，895-898.

Belotti J H J, Saccavino L L, Schachner G A. 1995. Structural styles and petroleum occurrence in the Sub-Andean fold and thrust belt of northern Argentina. Petroleumbasins of South America：AAPG, (62): 545-555.

Biddle K T, Christie-Blick N. 1985. Strike-slip deformation, basin formation, and sedimentation : based on a symposium. Gsw Books, 375-386.

Brown W G. 1984. Basement-involved tectonics-Foreland areas: AAPG Continuing Education Course Note Series 26, 92.

Burchfiel B C, Brown E T, Deng Q D, et al. 1999. Crustal shortening on the margins of the Tien Shan, Xinjiang, China. International Geology Review, 41: 665-700.

Bullen M E, Burbank D W, Garver J I, et al. 2001. Late Cenozoic tectonic evolution of the northwestern Tien Shan: new age estimates for the initiation of mountain building. Geological Society of America Bulletin, 113 (12): 1544-1559.

Charreau J, Chen Y, Gilder S, et al. 2005. Magnetostratigraphy and rock magnetism of the Neogene Kuitun He Section(northwest China): Implications for Late Cenozoic uplift of the Tianshan mountains. Earth and Planetary Science Letters, 230: 177-192.

Charreau J, Chen Y, Gilder S, et al. 2009. Neogene uplift of the Tian Shan Mountains observed in the magnetic record of the Jingou River section (northwest China). Tectonics, 28: 224-243.

Chen K, Gumiaux C, Augier R, et al. 2011. The Mesozoic palaeorelief of the northern TianShan (China). Terra Nova, 23: 195-205.

Collins A Q, Degtyarev K E, Levashova N M, et al. 2003. Early Paleozoic paleomagnetism of East Kazakhstan: implications for paleolatitudinal drift of tectonic elements within the Ural-Mongolia belt. Tectonophysics, 377: 229-247.

Dumitru T A, Zhou D, Chang E Z, et al. 2001. Uplift, exhumation, and deformation in the Chinese Tian Shan, in Paleozoic and Mesozoic tectonic evolution of central Asia: from continental assembly to intracontinental deformation. (M. S. Hendrix and G. A. Davis, eds). Geological Society of America Bulletin, 194: 71-99.

Epard J L, Groshong Jr R H. 1995. Kinematic model of detachment folding including limb rotation, fixed hinges and layer-parallel strain. Tectonophysics, 247(1-4): 85-103.

Erslev E A. 1991. Trishear fault-propagation folding. Geology, 19(6): 617-620.

Erslev E, Hennings P, Zahm C. 2001. Kinematics andstructural closure of basement-involved anticlines in the central Rocky Mountains Petroleum Province (abs.). AAPG Annual Meeting, 85: A58.

Fang Sh H, Song Y, Jia Ch Z, et al. 2007. Timing of Cenozoic Intense Deformation and Its Implications for Petroleum Accumulation, Northern Margin of Tianshan Orogenic Belt, Northwest China. Earth Science Frontiers, 14(2): 205-214.

Ford M, Williams E A, Artoni A, et al. 1997. Progressive evolution of a fault-related fold pair from growth strata geometries, Sant Llorenç de Morunys, SE Pyrenees. Journal of Structural Geology. 19(3): 413-441.

Gonzalez M R, Suppe J. 2006. Relief and shortening in detachment folds. Journal of Structural Geology. 28(10): 1785-1807.

Groshong Jr R H, Epard J L. 1994. Role of strain in areaconstantdetachment folding. Journal of Structural Geology, 16(5): 613-618.

Hardy S, Ford M. 1997. Numerical modeling of trishearfault-propagation folding and associated growth strata. Tectonics, 16(5): 841-854.

Hardy S, Poblet J. 1994. Geometric and numerical model of progressive limb rotation in detachment folds. Geology, 22: 371-374.

Heermance R V, Chen J, Burbank D W, et al. 2007. Chronology and tectonic controls of Late Tertiary deposition in the southwestern Tian Shan foreland, NW China. Basin Research, 19(4): 599-632.

Hendrix M S, Dumitru T A, GrahamS A. 1994. Late Oligocene-early Miocene unroofing in the Chinese Tian Shan: An early effect of the India-Asia collision. Geology, 22(6): 487-490.

Hubert-Ferrari A, Suppe J, Wang X, et al. 2005. Yakeng detachment fold, south TianShan, China. Seismic Interpretation of Contractional Fault-related Folds, AAPG Seismic Atlas, 110-113.

Jamison W R. 1987. Geometric analysis of fold development in overthrust terranes. Journal of Structural Geology, 9:

207-219.

Ji J L, Luo P, White P, et al. 2008. Episodic uplift of the Tianshan Mountains since the late Oligocene constrained by magnetostratigraphy of the Jingou River section, in the southern margin of the Junggar Basin, China. Journal of Geophysical Research, 113: B05102.

Lu H F, Howell D G, Jiang D et al. , 1994. Rejuvenation of the Kuqa foreland basin, Northern flank of the Tarim basin, Northwest China. International Geology review, 36(12):1151-1158.

Lu H H, Burbank D W, LiY L. 2010. Late Cenozoic structural and stratigraphic evolution of the northern Chinese Tian Shan foreland. Basin Research, 22: 249-269.

Medwedeff D A, Donald A, Suppe J. 1997. Multibend fault-bend folding. Journal of Structural Geology, 19: 279-292.

Medwedeff D A. 1990. Geometry and kinematics of an active, laterally propagating wedge-thrust, Wheeler Ridge, California. AAPG Bulletin (American Association of Petroleum Geologists): (USA), 74(CONF-900605).

Metivier F, Gaudemer Y. 1997. Mass transfer between eastern Tien Shan and adjacent basins (central Asia): constraints on regional tectonics. Geophysical Journal International, 128: 1-17.

Mitra S, Narnson J. 1989. Equal-Area Balancing. American Journal of science, 289: 563-599.

Mitra S. 1990. Fault-propagation folds: geometry, kinematic evolution, and hydrocarbon traps. American Association of Petroleum Geologists Bulletin, 74: 921-945.

Mitra S. 2002. Fold-accommodation faults. American Association of Petroleum Geologists Bulletin, 86(4): 671-693.

Molnar P, Tapponnier P. 1975. Cenozoic tectonics of Asia: effect on a continental collision. Science, 189: 419-426.

Mount V S, Martindale K W, Griffith T W, et al. 2011. Basement-involved Contractional Wedge. Structural Styles: Examples from the HannaBasin, Wyoming. AAPG Memoir, 94: 271-281.

Narr W, Suppe J. 1994. Kinematics of basement-involved compressive structures. American Journal of science, 294: 802-860.

Paul D, Mitra S. 2012. Controls of basement faults on the geometry and evolution of compressional basement-involved structures. AAPG bulletin, 96: 1899-1930.

Poblet J, McClay K. 1996. Geometry and kinematics of single layer detachment folds. American Association of Petroleum Geologists Bulletin, 80: 1085-1109.

Rich J L. 1934. Mechanics of low-angle overthrust faulting as illustrated by Cumberland thrust blocks, Virginia, Kentucky, and Tennessee. AAPG bulletin, 18: 1584-1596.

Shaw J H, Bilotte F, Brennan P A. 1999. Patterns of imbricate thrusting. Geological Society of America Bulletin, 111(7): 1140-1154.

Shaw J H, Connors C, Suppe J. 2005. Seismic interpretation of contractional fault-related folds: an AAPG seismic atlas. American Association of Petroleum Geologists studies in Geology, 53: 1-156.

Shaw J H, Suppe J. 1994. Active faulting and growth folding in the eastern Santa Barbara Channel, California. Geological Society of American Bulletin, 106: 369-381.

Sobel E R, Oskin M, Burbank D, et al. 2006. Exhumation ofbasement-cored uplifts: example of the Kyrgyz range quantified with apatite fission track thermochronology. Tectonics, 25, TC2008.

Sun J M, Zhu R X, Bowler J. 2004. Timing of the Tianshan Mountains uplift constrained by magnetostratigraphic analysis of molasse deposits. Earth and Planetary Science Letters, 219(3-4): 239-253.

Sun J Q. Xu Q, Huang B. 2007. Late Cenozoic magnetochronology and paleoenvironmental changes in the northern foreland basin of the Tian Shan Mountains. Journal of Geophysical Research Solid Earth, 112: (B4).

Sun J, Zhang Z. 2009. Syntectonic growth strata and implications for late Cenozoic tectonic uplift in the northern Tian Shan, China. Tectonophysics, 463 (1-4): 60-68.

Suppe J, Chou G T, Hook S C. 1992. Rates of folding and faultingdetermined from growth strata//Thrust Tectonics, Springer Netherlands, 105-121.

Suppe J, Medwedeff D A. 1990. Geometry and kinematics of fault-propagation folding. Eclogae Geologicae Helvetiae, 83(3):409-454.

Suppe J. 1983. Geometry and kenimatics of fault-bend folding. American Journal of Science, 283: 684-721.

Suppe J. 2011. Mass balance and thrusting in detachmentfolds, in K. McClay, J. Shaw, and J. Suppe, eds., Thrust-fault-related folding: AAPG Memoir 94, 21-37.

Suppe J, Connors C D, Zhang Y. 2003. Shear fault-bend folding//Thrust tectonics and hydrocarbon systems. American Association of Petroleum Geologist Memoir, 82: 1-21.

Suppe J, Sabat F, Muñoz J A, et al. 1997. Bed-by-bed fold growth by kink-band migration: Sant Llorence de Morunys, eastern Pyrenees. Journal of Structural Geology, 19: 443-461.

Tapponnier P, Molnar P. 1977. Active faulting and tectonics in China. Journal of Geophysical Research, 82: 2905-2930.

Tapponnier P, Molnar P. 1979. Active faulting and Cenozoic tectonics of the Tianshan, Mongolia and Baykal regions. Journal of Geophysical Research, 84: 3425-3459.

Wang S L, Chen Y, Charreau J. 2013. Tectono-stratigraphic history of the southern Junggar basin: seismic profiling evidences. Terra Nova, 25(6): 490-495.

Windley B F, Alexeiev D, Xiao W, et al. 2007. Tectonic models for accretion of the Central Asian Orogenic Belt. Journal of the Geological Society, 164(1): 31-47.

Xiao W J, Windley B F, Allen M B, et al. 2012. Paleozoic multiple accretionary and collisional tectonics of the Chinese Tianshan orogenic collage. Gondwana Research, 23(4): 1316-1341.

Yin A, Nie S, Craig P, et al. 1998. Late Cenozoic tectonic evolution of the southern Chinese Tianshan. Tectonics, 17: 1-27.